索尼 α7C/α7CII 摄影及视频拍摄技巧大全

雷波◎编著

U0223762

化学工业出版社

·北京·

内 容 简 介

本书讲解了索尼 α7CⅡ相机的各项实用功能、曝光技巧及在各类题材中的实拍技巧等，通过先学习相机结构、菜单功能，再接着学习曝光功能、器材等方面的知识，最后学习生活中常见的题材拍摄技巧，读者可迅速上手索尼 α7CⅡ。

随着短视频和直播平台的发展，越来越多的朋友开始使用相机录视频、做直播，因此，本书专门通过数章内容讲解了拍摄短视频需要的器材、需要掌握的参数功能、镜头运用方式以及索尼 α7CⅡ相机拍摄视频的基本操作与菜单设置，让读者紧跟潮流玩转新媒体。

相信通过本书的学习，读者可以全面掌握索尼 α7CⅡ相机拍摄功能，既能拍美图成为朋友圈靓丽的风景线，又能拍好短视频一举抓住视频创业风口。

为丰富读者的学习体验，本书附赠四本电子书供读者翻阅，包括一本人像摆姿摄影电子书（PDF），一本花卉摄影欣赏电子书（PDF），一本鸟类摄影欣赏电子书（PDF），以及一本摄影常见题材拍摄技法及佳片赏析电子书（PDF）。

图书在版编目（CIP）数据

索尼 α7C/α7CⅡ摄影及视频拍摄技巧大全 / 雷波编
著. -- 北京：化学工业出版社，2024. 12（2025.5重印）. -- ISBN
978-7-122-46556-6

Ⅰ. TB86；J41

中国国家版本馆CIP数据核字第2024S8L245号

责任编辑：王婷婷　孙　炜　　　　　　　装帧设计：异一设计
责任校对：张茜越

出版发行：化学工业出版社（北京市东城区青年湖南街 13 号　邮政编码 100011）
印　　装：北京宝隆世纪印刷有限公司
710mm×1000mm 1/16　印张 12¹/₂　字数 252 千字　2025 年 5 月北京第 1 版第 2 次印刷

购书咨询：010-64518888　　　　　　售后服务：010-64518899
网　　址：http://www.cip.com.cn

凡购买本书，如有缺损质量问题，本社销售中心负责调换。

定　　价：118.00 元

前　言

本书全面解析了索尼 α7C Ⅱ 相机强大功能、实拍设置技巧及各类拍摄题材实战技法，将官方手册中没讲清楚或没讲到的内容，以及抽象的功能描述，通过实拍测试及精美照片示例具体、形象地展现出来。

在相机功能及拍摄参数设置方面，本书不仅针对索尼 α7C Ⅱ 相机的结构、菜单功能，以及光圈、快门速度、白平衡、感光度、曝光补偿、测光、对焦、拍摄模式等设置技巧进行了详细讲解，更有详细的菜单操作图示，即使是没有任何摄影基础的初学者，也能够根据这样的图示玩转相机的菜单及功能设置。

在镜头与附件方面，本书针对常用附件的功能和使用技巧进行了深入解析，以便各位读者有选择地购买相关镜头或附件，与索尼 α7C Ⅱ 相机配合使用，从而拍摄出更漂亮的照片。

在摄影实战技术方面，本书通过大量精美的实拍照片，深入剖析了使用索尼 α7C Ⅱ 相机拍摄人像、风光等常见题材的技巧，以便读者快速提高摄影水平。

考虑到许多相机爱好者的购买初衷是拍摄视频，因此本书特别讲解了使用索尼 α7C Ⅱ 相机拍摄视频时应该掌握的各类知识。除了详细讲解了拍摄视频时的相机设置与重要菜单功能，还讲解了与拍摄视频相关的镜头语言、硬件准备等知识。

经验与解决方案是本书的亮点之一，笔者通过实战总结出了关于索尼 α7C Ⅱ 相机的使用经验及技巧，这些经验和技巧一定能够帮助各位读者少走弯路，让读者感觉身边时刻有"高手点拨"。本书还汇总了摄影爱好者初上手使用索尼 α7C Ⅱ 相机时可能会遇到的一些问题、出现的原因及解决方法，相信能够帮助许多爱好者解决这些问题。

索尼 α7C Ⅱ 相机为索尼 α7C 相机的升级产品，与 α7C 相机相比，α7C Ⅱ 相机主要提升了有效像素、对焦点数量和视频拍摄方面功能，如 α7C Ⅱ 相机支持 XAVC S-I/XAVC HS 格式录制 4K 视频、缩时摄影视频、LUT 文件、自动取景等功能。而 α7C Ⅱ 相机的菜单分类也更为细致，但由于 α7C Ⅱ 相机的功能基本上覆盖了 α7C 相机的功能，因此，即便使用的是 α7C 相机，也可以通过阅读本书掌握手中相机的使用方法。

为了拓展本书内容，本书将赠送笔者原创正版的四本摄影电子书（PDF），包括一本人像摆姿摄影电子书，一本花卉摄影欣赏电子书，一本鸟类摄影欣赏电子书，以及一本摄影常见题材拍摄技法及佳片赏析电子书。

为了方便交流与沟通，欢迎读者朋友添加我们的客服微信 hjysy1635，与我们在线交流，也可以加入摄影交流 QQ 群（327220740），与众多喜爱摄影的小伙伴交流。

如果希望每日接收新鲜、实用的摄影技巧，可以关注我们的微信公众号"好机友摄影视频拍摄与 AIGC"；或在今日头条搜索"好机友摄影""北极光摄影"，在百度 App 中搜索"好机友摄影课堂""北极光摄影"，以关注我们的头条号、百家号；在抖音搜索"好机友摄影""北极光摄影"，关注我们的抖音号。

编著者

目 录
CONTENTS

第 3 章 必须掌握的基本曝光、对焦操作及菜单功能

第 4 章 掌握高级曝光理论及手机遥控相机操作方法

第5章 镜头、滤镜、脚架及其他附件

第6章 拍视频要理解的术语及必备附件

第7章 拍视频必学的镜头语言

第8章 拍摄视频步骤详解

第9章 掌握图片配置文件（PP 值）使用方法

第10章 人像、风光、动物、车轨、星轨等题材实战拍摄技巧

第11章 口播、美食、Vlog等常见视频类型实战拍摄方法

第 1 章

玩转索尼 α7C Ⅱ 从
了解相机机身开始

索尼α7CⅡ微单相机
正面结构

❶ 手柄（电池仓）

在拍摄时用右手持握手柄。该手柄遵循人体工程学的设计，持握起来非常舒适

❷ 前转盘

用于更改照相模式的光圈值或快门速度、播放照片操作，当按下 Fn 按钮进行功能操作时，可以转动前转盘更改所选择项目的设置

❸ AF 辅助照明/自拍指示灯

当拍摄场景的光线较暗时，此灯会亮起以辅助对焦；当选择"自拍定时"模式时，按下快门键后此灯会连续闪光进行提示

❹ 镜头释放按钮

镜头释放按钮用于拆卸镜头。按住此按钮并旋转镜头的镜筒，可以将镜头从机身上取下来

❺ 卡口

卡口用于安装镜头，使机身与镜头之间传递距离、光圈、焦距等信息

❻ 镜头触点

镜头触点用于相机与镜头之间传递信息。将镜头拆下后，务必装上机身盖，以免刮伤镜头触点

❼ 镜头安装标志

将镜头上的白色标志与机身上的白色标志对齐，然后旋转镜头，即可完成安装

❽ 影像传感器

索尼 α7C Ⅱ 微单相机采用了全新的 Exmor R CMOS 影像传感器，并具有约3300 万有效像素，能够拍摄出高质量的照片与视频

索尼α7CⅡ微单相机
底面结构

❶ 电池仓盖

打开此仓盖后，可拆装电池

❷ 脚架接孔

脚架接孔用于将相机固定在三脚架或独脚架上。安装时，顺时针转动脚架快装板上的旋钮，可以将相机固定在三脚架或独脚架上

索尼 α 7C Ⅱ 微单相机

顶面结构

❶ 多接口热靴

多接口热靴用于安装外接闪光灯。安装后，热靴上的触点正好与外接闪光灯上的触点相合。此热靴还可以外接无线闪光灯和安装其他附件

❷ 模式旋钮（模式拨盘）

用于选择照相模式，包括自动模式、P、A、S、M 及自定义 1、2、3 模式。使用时旋转模式旋钮，使相应的模式图标对准左侧的白色标志线

❸ 静止影像/动态影像/S&Q旋钮

用于在照相模式、动态影像和 S&Q 模式之间切换。转动静止影像 / 动态影像 /S&Q 旋钮使标志线对齐相应的模式图标

❹ 后转盘R

大部分情况下，可以执行与后转盘 L 相同的操作，可以通过"自定键/转盘设置"菜单为其指定其他功能。在默认设置下，转动后转盘 R 可以调整曝光补偿值

❺ MOVIE（视频）按钮

按此按钮可以录制视频，再次按此按钮即可结束录制

❻ 电源开关

电源开关用于开启或关闭相机

❼ 快门按钮

半按快门按钮可以开启相机的自动对焦功能，完全按下快门按钮时即可完成拍摄。当相机处于省电状态时，轻按快门按钮可以恢复工作状态

索尼 α7C II 微单相机

背面结构

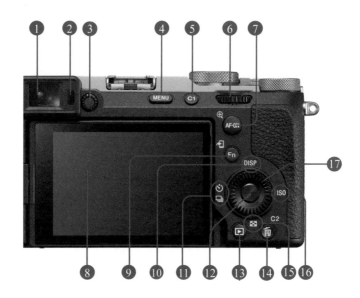

1 电子取景器

在拍摄时，可通过观察此电子取景器进行取景构图

2 眼传感器

当摄影师 (或其他物体) 靠近取景器后，眼传感器能够自动感应，然后从液晶显示屏状态自动切换成为取景器显示

3 屈光度调节旋钮

根据拍摄者的视力调节屈光度调节旋钮，直到取景器中的显示清晰

4 MENU按钮

MENU 按钮用于启动相机内的菜单功能。在菜单中可以对影像质量、创意外观等功能进行调整

5 C1 (自定义1) 按钮

此按钮为自定义功能 1 按钮，利用"自定键/转盘设置"菜单中的选项可以为其分配功能

6 后转盘L

用于更改照相模式的光圈值或快门速度、播放照片操作。当按下 Fn 按钮进行功能操作时，可以转动此转盘进行微调

7 AF-ON (AF开启) 按钮/放大按钮

在拍摄时，可以按下 AF-ON 按钮进行自动对焦，与半按快门进行对焦的效果一样；在播放照片时，按下此按钮可以放大当前所选的照片

8 显示屏

用于显示菜单、回放和浏览照片、显示光圈、设定快门速度等各项参数。此显示屏可以水平调整约 176°、旋转调整约 270° 等方便观看的角度，从而便于从任意位置进行拍摄。当"触摸操作"菜单设为"开"选项时，可以以触摸的方式操作此显示屏

9 Fn (功能) / 发送到智能手机按钮

在拍摄待机时，按 Fn 按钮会显示快速导航界面，使用前转盘、后转盘 L、后转盘 R 和方向键可以修改显示的项目；在播放模式下，按此按钮，可以利用无线功能将照片或视频传输至智能手机

10 DISP按钮

在默认设置下，每按一次控制拨轮上的 DISP 按钮，将依次改变拍摄信息显示的画面，可以在设置菜单中选择"DISP (画面显示) 设置"，分别设定"显示屏"和"取景器"在按 DISP 按钮后显示的拍摄信息画面

11 拍摄模式按钮

按此按钮可以选择拍摄模式，如单张拍摄、连拍、自拍或阶段曝光

⑫ **中央按钮**

用于菜单功能选择的确认，类似于其他品牌相机上的
OK 按钮

⑬ **播放按钮**

按此按钮可以回放拍摄的照片，用控制拨轮选择照片。
按控制拨轮的中央按钮可以播放视频

⑭ **C2（自定义2）按钮/删除按钮**

在"自定键/转盘设置"菜单中可以为其分配功能；
在照片播放模式下，按此按钮可以删除当前所选的
照片

⑮ **影像索引按钮**

在播放状态下，按此按钮可以显示影像索引界面，
在影像索引界面可以显示 9 张或 30 张照片

⑯ **ISO感光度设置按钮**

按此按钮可以快速设置感光度数值

⑰ **控制拨轮**

在操作菜单时，转动控制拨轮可以选择项目，在播放
菜单时，转动控制拨轮可以显示下一张或上一张照片

索尼 α7C Ⅱ 微单相机
侧面结构

❶ **肩带用挂钩**

将相机带的两端安装到相机

❷ **麦克风接口**

当通过此接口连接了外接麦克风时，相机的内
置麦克风会自动关闭。如果外接麦克风是插入
式电源类型，相机会为麦克风供电

❸ **HDMI微型插孔**

用于将相机与电视机通过 HDMI 线连接起来，
以便在电视机上查看照片

❹ **耳机接口**

将耳机插入此孔，可以从耳机中听取视频的
声音

❺ **存储卡插槽**

可以安装和拆卸存储卡，索尼 α7C Ⅱ 微单相机仅支
持 SD 存储卡（兼容 UHS-I 和 UHS-Ⅱ）

❻ **USB Type-C接口**

可以在此接口插入 USB Type-C 连接线为相机供电、
给电池充电和进行 USB 通信

索尼α7CⅡ微单相机
取景器显示界面

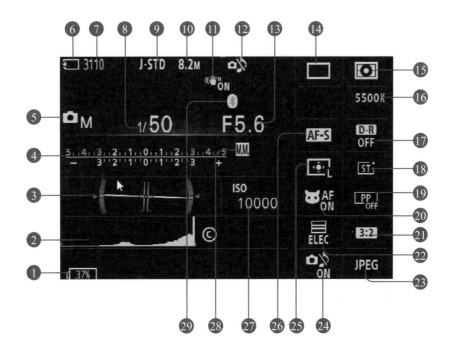

❶ 剩余电池电量
❷ 柱状图
❸ 数字水平量规
❹ 曝光指示
❺ 照相模式
❻ 存储卡图标
❼ 存储卡上可记录的静止影像数
❽ 快门速度
❾ JPEG影像质量
❿ 静止影像的影像尺寸

⓫ SteadyShot开启
⓬ 静音模式
⓭ 光圈
⓮ 拍摄模式
⓯ 测光模式
⓰ 白平衡模式
⓱ 动态范围优化
⓲ 创意外观
⓳ 图片配置文件
⓴ 识别目标/AF中的被摄体识别

㉑ 静止影像的纵横比
㉒ 快门类型
㉓ 文件格式
㉔ 静音模式
㉕ 自动对焦区域模式
㉖ 自动对焦模式
㉗ ISO感光度
㉘ 手动测光
㉙ 蓝牙连接

第 2 章
掌握相机基本操作
及全局性菜单功能

控制拨轮的使用方法

控制拨轮及其中央按钮

使用索尼 α7C Ⅱ微单相机时，可以通过转动控制拨轮快速选择设置选项。例如，在菜单操作中，除了可以按控制拨轮的方向键完成选择操作，还可以通过转动控制拨轮更快速地进行选择。

控制拨轮的中央按钮相当于"确定""OK"按钮，用于确定所选项目。

控制拨轮上的功能按钮

在索尼 α7C Ⅱ微单相机的控制拨轮上有 4 个功能按钮。

上键为 DISP 显示拍摄内容按钮（DISP），可调整在拍摄或播放状态下显示的拍摄信息。左键为拍摄模式按钮（ ），可设置单张拍摄、连拍、自拍定时等拍摄模式。右键为感光度设置按钮（ISO），在拍摄过程中按下此按钮，可快速设置 ISO 感光度数值。下键在播放状态下，按此按钮可以显示影像索引界面，用户也可以通过"自定键/转盘设置"为其自定义功能。

▲索尼α7C Ⅱ微单相机的控制拨轮

利用 DISP 按钮切换屏幕显示信息

要使用索尼 α7C Ⅱ微单相机进行拍摄，必须了解如何查看光圈、快门速度、感光度、电池电量、拍摄模式、测光模式等与拍摄有关的信息，以便在拍摄时根据需要及时调整这些参数。

按下控制拨轮上的 DISP 按钮，即可显示拍摄信息。每按一次此按钮，拍摄信息就会按默认的显示顺序进行一次切换。

默认显示顺序为：显示全部信息→无显示信息→柱状图→数字水平量规→取景器。

▲ 控制拨轮上的 DISP 按钮

▲ 显示全部信息

▲ 无显示信息

▲ 柱状图

▲ 数字水平量规

▲ 取景器

菜单的使用方法

索尼 α7C II 微单相机的菜单功能非常强大,熟练掌握菜单的相关操作方法,可以帮助用户快速、准确地对相机进行设置。右图展示了机身上与菜单设置相关的功能按钮。

在使用菜单时,可以先按下菜单按钮(MENU),在显示屏中就会显示相应的菜单项目,位于菜单左侧从上到下有 8 个图标,代表 8 个菜单设置页,依次为我的菜单(☆)、主菜单(♠)、拍摄菜单(◙/►)、曝光/颜色菜单(⊠)、对焦菜单(AF MF)、播放菜单(►)、网络菜单(⊕)及设置菜单(⊟)。

菜单的基本操作方法如下。

❶ 按◀方向键切换至左侧的图标栏,再按▲或▼方向键选择设置页图标,当选择好所需设置的图标后,按►方向键切换至子序号栏,按▼或▲方向键选择所需序号。

❷ 按►方向键切换至菜单项目栏,转动控制拨轮或按▲或▼方向键选择要修改的菜单项目,然后按下控制拨轮中央按钮确定。

❸ 有时按控制拨轮中央按钮后,将进入其子菜单中,再按方向键进行详细设置。

❹ 参数设置完毕后,按控制拨轮中央按钮即可确定参数设置。如果按◀方向键,则返回上一级菜单中,并不保存当前的参数设置。

● 控制拨轮

转动控制拨轮或按控制拨轮的上、下、左、右方向键可选择所需的菜单命令。在本书中,用 "▲、▼、◀、►" 分别表示控制拨轮的上、下、左、右方向键

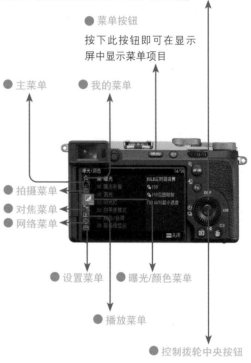

● 菜单按钮

按下此按钮即可在显示屏中显示菜单项目

● 主菜单   ● 我的菜单

● 拍摄菜单
● 对焦菜单
● 网络菜单

● 设置菜单   ● 曝光/颜色菜单

● 播放菜单

● 控制拨轮中央按钮

用于选择菜单命令或确认当前的设置

⬇ 设定步骤

❶ 在左侧选择菜单设置页及子序号   ❷ 点击选择要修改的菜单项目   ❸ 点击选择所需选项

 高手点拨:由于索尼 α7C II 微单相机的液晶显示屏可以触摸操作,当开启"触摸操作"功能后,菜单操作也可以使用触摸的方式进行设置,这样更为方便。

在显示屏中设置常用参数

快速导航界面是指在任何一种照相模式下，按 Fn（功能）按钮后，在液晶显示屏上显示的用于更改各项拍摄参数的界面。快速导航界面有以下两种显示形式。

当液晶显示屏显示为取景器拍摄画面时，按 Fn 按钮后显示如下图所示的界面。

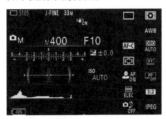

▲ 快速导航界面 1

当液晶显示屏显示为取景器画面以外的其他 4 种显示画面时，按 Fn 按钮后显示如下图所示的界面。

▲ 快速导航界面 2

两种快速导航界面的详细操作步骤如右侧所示。

▼ 界面 1 设定步骤

❶ 按 DISP 按钮，选择取景器拍摄画面

❷ 按 Fn 按钮后显示快速导航界面 1，按▲、▼、◀、▶方向键选择要修改的项目

❸ 转动前转盘选择所需设置的选项，部分功能设置还可以转动后转盘 L 或后转盘 R 进行选择，然后按控制拨轮中央按钮确定

❹ 也可以在步骤❷中选择好要修改的项目后进入其详细设置界面，点击选择所需修改的选项，部分功能还可以在右侧选择所需设置，然后点击 OK 图标确定

▼ 界面 2 设定步骤

❶ 按 DISP 按钮，选择取景器画面以外的显示画面

❷ 按 Fn 按钮后显示快速导航界面 2，按▲、▼、◀、▶方向键选择要修改的项目

❸ 转动前转盘选择所需设置的选项，部分功能设置还可以转动后转盘 L 或后转盘 R 进行选择，然后按控制拨轮中央按钮确定

❹ 也可以在步骤❷中选择好要修改的项目后进入其详细设置界面，点击选择所需修改的选项，部分功能还可以在右侧选择所需设置，然后点击 OK 图标确定

设置相机显示参数

利用"自动关机开始时间"提高相机的续航能力

在"自动关机开始时间"菜单中，可以控制相机在未执行任何操作时，显示屏保持开启的时间长度。

在"自动关机开始时间"菜单中将时间设置得越短，对节省相机电池的电量越有利，这一点对摄影师在身处严寒的环境中拍摄时显得尤其重要，因为在低温环境中电池的电量会消耗得很快。

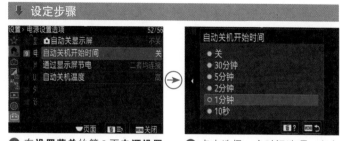

❶ 在**设置菜单**的第 9 页**电源设置选项**中，点击选择**自动关机开始时间**选项

❷ 点击选择一个时间选项，当在设定的时间后没有操作相机，相机将会自动关闭显示屏

设置实时取景显示以显示预览效果

在液晶显示屏取景模式下，当改变曝光补偿、白平衡、创意风格或照片效果时，通常可以在显示屏中即刻观察到这些设置的改变对照片的影响，以正确评估照片是否需要修改或如何修改这些拍摄设置。

但如果不希望这些拍摄设置影响液晶显示屏中显示的照片，可以使用"实时取景显示"选项关闭此功能。

❶ 在**拍摄菜单**的第 9 页**拍摄显示**中，点击选择**实时取景显示设置**选项

❷ 点击选择**实时取景显示**选项

❸ 点击选择所需选项

● 设置效果开：选择此选项，则在修改拍摄设置时，液晶显示屏将即刻显示出该设置对照片的影响。

● 设置效果关：选择此选项，则在改变拍摄设置时，液晶显示屏中的照片将无变化。

设置 DISP 按钮

在拍摄状态下按DISP按钮，可在液晶显示屏或取景器中设置显示不同的拍摄信息。在"设置菜单"的"DISP(画面显示)设置"菜单中，可以选择按DISP按钮时所显示的拍摄信息选项，拍摄时浏览这些拍摄信息，可以快速判断是否需要调整拍摄参数。

如果要控制按此按钮时屏幕显示的参数种类，可以设置"DISP(画面显示)设置"菜单选项。

设定步骤

❶ 在**设置菜单**的第3页点击选择**操作自定义**选项

❷ 点击选择 **DISP(画面显示)设置**选项

❸ 点击选择**显示屏**或**取景器**选项

❹ 点击选择所需要显示的选项以添加勾选标志，选择完成后选择**确定**选项

利用网格轻松构图

"网格线"功能可以帮助用户快速进行精确构图，此功能提供的网格线类型包含"三等分线网格""方形网格""对角＋方形网格"3个选项。例如，在拍摄中采用黄金分割法构图时，就可以选择"三等分线网格"选项来辅助构图。

设定步骤

❶ 在**拍摄菜单**的第9页**拍摄显示**中，点击选择**网格线显示**选项

❷ 点击选择**开**或**关**选项

▲ 显示"三等分线网格"时的取景画面状态

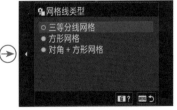

❸ 在**拍摄菜单**的第9页**拍摄显示**中，点击选择**网格线类型**选项

❹ 点击选择一种网格线选项

设置相机控制参数

设置自动切换取景器与显示屏

索尼 α7C Ⅱ 微单相机的"选择取景器/显示屏"菜单功能可以检测到拍摄者正在通过取景器拍摄，还是通过液晶显示屏拍摄，从而选择在取景器与液晶显示屏之间切换。

● 自动：选择此选项，当摄影师通过取景器观察时，会自动切换到取景器中显示画面的状态；当不再使用取景器时，又会自动切换回液晶显示屏显示画面的状态。

● 取景器（手动）：选择此选项，液晶显示屏被关闭，照片将在取景器中显示，适合在剩余电量较少时使用。

● 显示屏（手动）：选择此选项，则关闭取景器，而在液晶显示屏中显示照片。

 高手点拨：选择"取景器（手动）"选项时，液晶显示屏将被关闭，按任何键或重启相机都不能激活液晶显示屏。此时，设置菜单、浏览照片只能在取景器中进行。通常情况下，建议设置为"自动"。例如拍摄的照片需要精确对焦时，既需要通过液晶显示屏来仔细查看对焦情况，又要通过取景器取景拍摄，选择自动切换显示比较方便。

❶ 在**设置菜单**的第 7 页**取景器/显示屏**中，点击选择**选择取景器/显示屏**选项

❷ 点击选择所需选项

注册功能菜单项目

快速导航界面中所显示的拍摄参数项目，可以在"设置菜单"的"Fn 菜单设置"中进行自定义注册。在此菜单中，可以分别将自己在拍摄照片或视频时常用的拍摄参数注册到导航界面中，以便在拍摄时快速改变这些参数。

右侧展示了笔者注册"间隔拍摄"功能的操作步骤。

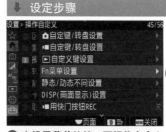

❶ 在**设置菜单**的第 3 页**操作自定义**中，点击选择 **Fn 菜单设置**选项

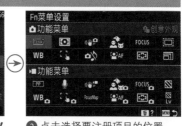

❷ 点击选择要注册项目的位置

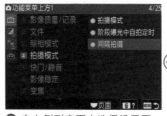

❸ 在左侧列表页中选择设置页，然后在右侧选项中点击选择要注册的项目选项

❹ 注册后项目的显示效果。还可以按照此方法注册其他功能

为按钮注册自定义功能

索尼 α7C Ⅱ微单相机可以根据个人的操作习惯或临时的拍摄需求，为C1按钮、C2按钮、AF-ON按钮、MOVIE按钮、Fn/钮按钮、控制拨轮中央按钮、控制拨轮、▼方向键、◀方向键、▶方向键、前转盘、后转盘L、后转盘R指定不同的功能，进一步方便用户指定并操控相机的自定义功能。

这些按钮可以通过此自定义功能，可以在拍摄照片、视频及播放照片时分别赋予不同的功能，换而言之，同一个按钮有可能在拍摄照片时实现A功能，在拍摄视频时实现B功能，而在播放照片中实现C功能。下面分别讲解其相关操作。

要实现拍摄照片时自定义按钮功能，可以按照下面的步骤操作。当注册完按钮的功能后，在拍摄时只需按下设置过的按钮，即可显示所注册功能的参数选择界面。例如，对于C1按钮而言，如果当前注册的功能为对焦区域，那么当按下C1按钮时，则可以显示对焦区域选项。

设定步骤

❶ 在**设置菜单**的第3页**操作自定义**中，点击选择 **自定键/转盘设置**选项

❷ 先在左侧按钮区域列表中点击选择要注册按钮所在的区域，然后在右侧按钮列表中点击选择要注册功能的按钮

❸ 先在左侧列表中点击选择要注册功能所在的设置页，然后在右侧列表中选择要注册的功能

索尼 α7C Ⅱ微单相机通过"自定键/转盘设置"菜单，可以注册各个按钮在录制视频时的功能，可注册的按钮与静态照片拍摄时一样，但功能选项有所不同，增加了一些与录制相关的功能选项，摄影师根据自身拍摄需求注册即可。在播放照片时，索尼 α7C Ⅱ微单相机通过"自定义键设置"菜单为C1按钮、C2按钮及MOVIE按钮等设定按下它们时所执行的操作。例如，如果将C1按钮注册为"保护"，则在播放照片时，按C1按钮就可以保护所选择的照片。

设定步骤

❶ 在**设置菜单**的第3页**操作自定义**中，点击选择 **自定义键设置**选项

❷ 先在左侧按钮区域列表中点击选择要注册按钮所在的区域，然后在右侧按钮列表中点击选择要注册功能的按钮（此处以自定义**C1**按钮为例）

❸ 在**播放菜单**的第2页**选择/备忘录**中选择**保护**选项，便可在播放照片时，按**C1**按钮保护所选择的照片

设置拍摄控制参数

根据拍摄题材设置创意外观

简单来说，创意外观就是依据不同拍摄题材的特点对相机进行一些色彩、锐度及对比度等方面的校正。例如，在拍摄风光题材时，可以选择色彩较为艳丽、锐度和对比度都较高的"VV2"创意外观，使拍摄出的风景照片的细节更清晰，色彩更浓郁。也可以根据需要手动设置自定义的创意外观，以满足拍摄者的个性化需求。

"创意外观"菜单用于选择适合拍摄对象或拍摄场景的风格。索尼 α7C Ⅱ 中包含 10 种预设创意外观，下面分别讲解各创意外观选项的作用。

- ●ST：此创意外观是最常用的照片风格，使用该创意外观拍摄的照片画面清晰，色彩鲜艳、明快。
- ●PT：此创意外观适合拍摄人像，可以获得色调柔和、细腻的人物肌肤。
- ●NT：此创意外观适合偏爱使用计算机处理图像的摄影师，由于饱和度及锐度被减弱，所以使用该创意外观拍摄的照片色彩较为柔和、自然。
- ●VV：此创意外观会增强图片的饱和度与对比度，用于拍摄具有丰富色彩的场景和被摄体（如花朵、绿树、蓝天、海景等）。
- ●VV2：此创意外观可以拍出明亮而生动的色彩，并且清晰度很高，用于拍摄生动鲜明的场景。
- ●FL：此创意外观能够拍出具有强烈氛围的照片，会增强画面的对比，并且强调天空及绿色植物的色彩。
- ●IN：此创意外观会降低画面的对比度和饱和度，使画面产生亚光纹理，适合拍摄更加贴近真实景象的场景。
- ●SH：此创意外观能够拍出明亮、透明、柔和且生动的氛围，适合拍摄清爽的亮光环境。
- ●BW：此创意外观用于拍摄黑白单色调照片。
- ●SE：此创意外观用于拍摄棕褐色单色调照片。

⬇ 设定步骤

① 在**曝光/颜色菜单**的第 6 页**颜色/色调**中，点击选择**创意外观**选项

② 点击选择所需的创意风格，如果不需要修改，可以点击OK图标确定。如果点击红框所在的参数条选项，可以进入详细设置界面

③ 点击选择要调整的选项，点击右侧的 ＋ 或 － 图标选择调整的数值，然后点击OK图标确定

 高手点拨：在拍摄时，如果拍摄题材跨度较大，建议使用"ST"风格，比如在拍摄人像题材后，再拍摄风光题材时，使用"ST"风格就不会产生风光照片不够锐利的问题，属于比较折中和保险的选择。对于初学者来说，创意外观的英文缩写并不容易记忆，在使用时按相机背面右下角的删除按钮，可以临时显示帮助屏幕。

拍摄前登记人脸

注册"人脸登记"菜单后,当使用人脸/眼部对焦优先功能拍摄时,相机将优先对焦拍摄的人脸。在此菜单中,最多可以登记 7 张人脸,在登记时,被登记的人需正面朝向相机镜头。如果脸被帽子、口罩、太阳镜等遮挡,则可能无法注册和登记。

登记了多张人脸后,还可以在"交换顺序"中调整拍摄时优先检测到的人脸的顺序。

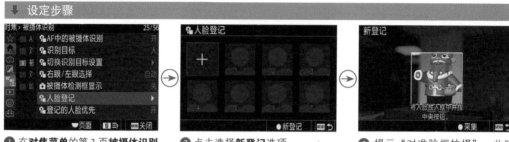

❶ 在**对焦菜单**的第 3 页**被摄体识别**中,点击选择**人脸登记**选项

❷ 点击选择**新登记**选项

❸ 提示"对准脸框拍摄",此时对准要登记的人脸,按下快门拍摄一张照片以进行登记

登记的人脸优先

开启此功能将在拍摄时优先对焦在"人脸登记"中登记的人脸。选择"关"选项,则对焦时不优先对焦已登记的人脸。

❶ 在**对焦菜单**的第 3 页**被摄体识别**中,点击选择**登记的人脸优先**选项

❷ 点击选择**开**或**关**选项

拍摄环境人像时,开启登记的人脸优先功能,可以迅速对焦人物『焦距:85mm;光圈:F2.8;快门速度:1/640s;感光度:ISO100』

美肤效果使皮肤更细腻、白皙

索尼 α7C Ⅱ 微单相机具有"美肤效果"功能，如果在拍摄人像时开启此功能，则可以柔化被摄者的皮肤。此功能在拍摄女性时特别实用，可以使其皮肤看上去更柔嫩、细腻、光滑。

"美肤效果"功能建议与"人脸 / 眼部对焦优先"功能一起使用，在检测到人脸后，相机将根据此菜单所设置的等级添加少量的模糊效果，从而可以掩盖较为粗大的毛孔，使皮肤更细腻、白皙。

此功能具有高、中、低 3 个等级，等级越高，人像皮肤被模糊的程度也越高，但其他部分也有可能被模糊（如眼睛、嘴巴），导致照片的细节丢失，因此，选择时要注意控制等级。

❶ 在**曝光 / 颜色菜单**的第 6 页**颜色 / 色调**中，点击选择**美肤效果**选项

❷ 点击选择**开**选项，然后在右侧界面中选择美肤强度选项，最后点击 █OK 图标确定

『焦距：35mm；光圈：F2.8；快门速度：1/400s；感光度：ISO100』

『焦距：24mm；光圈：F2.8；快门速度：1/250s；感光度：ISO100』

『焦距：70mm；光圈：F2.8；快门速度：1/320s；感光度：ISO100』

▲ 启用"美肤效果"功能，相当于在拍摄时进行了磨皮处理，使拍摄出来的人物皮肤更为细腻。

高手点拨：当将"文件格式"设置为"RAW"或使用数字变焦功能时，无法利用此功能；当将"文件格式"设置为"RAW&JPEG""RAW & HEIF"时，RAW格式的照片无法利用此功能。

设置影像存储参数

格式化存储卡

"格式化"功能用于删除存储卡中的全部数据。一般在新购买存储卡后,都要对其进行格式化处理。在格式化之前,务必根据需要进行备份,或确认卡中已不存在有用的数据,以免由于误删而造成难以挽回的损失。

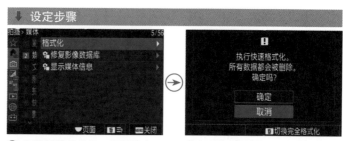

❶ 在**拍摄菜单**的第 2 页**媒体**中,点击选择**格式化**选项

❷ 点击**确定**按钮执行快速格式化

 高手点拨:虽然在因特网上能够找到许多数据恢复软件,如 Finaldata、EasyRecovery等,但实际上要恢复被格式化的存储卡上的所有数据,仍然有一定的困难。而且即使有部分数据被恢复出来,也可能会存在文件无法被识别、文件名出现乱码等情况,因此不可抱有侥幸心理。

无存储卡时释放快门

如果忘记为相机装存储卡,无论多么用心地去拍摄,最终一张照片也留不下来,白白浪费时间和精力。利用"无存储卡时释放快门"菜单可防止出现未安装存储卡而进行拍摄的情况。

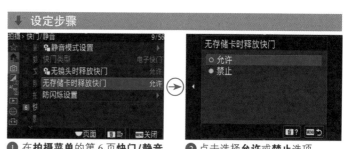

❶ 在**拍摄菜单**的第 6 页**快门/静音**中,点击选择**无存储卡时释放快门**选项

❷ 点击选择**允许**或**禁止**选项

 高手点拨:为了避免操作失误而错失拍摄良机,建议将该选项设置为"禁止"。

● 允许:选择此选项,未安装存储卡时仍然可以按下快门,但照片无法被存储。

● 禁止:选择此选项,如果未安装存储卡时想要按下快门,快门按钮无法被按下。

设置文件存储格式

在索尼 α7C Ⅱ 微单相机中，可以利用"文件格式"选项设置所拍摄照片的存储格式，其中包括 RAW、RAW&JPEG、JPEG 3 个选项。

RAW 并不是某个具体的文件格式，而是一类文件格式的统称，是指数码相机专用的文件存储格式，用于记录照片的原始数据，如相机型号、快门速度、光圈、白平衡等。在索尼 α7C Ⅱ 中，RAW 格式文件的扩展名为".arw"，这也是目前所有索尼相机统一的 RAW 文件格式扩展名。

如果选择"RAW&JPEG"选项，则表示同时存储下 RAW 和 JPEG 格式的照片。

JPEG 是最常用的图像文件格式，能够通过压缩的方式去除冗余的图像数据，在获得极高压缩率的同时，又可以展现十分丰富、生动的图像，且兼容性好，广泛应用于网络发布、照片洗印等领域。

❶ 在**拍摄菜单**的第 1 页影像质量 / 记录中，点击选择🄰**文件格式**选项

❷ 点击选择所需选项

高手点拨：如果 Photoshop 软件无法打开使用索尼 α7C Ⅱ 微单相机拍摄并保存的扩展名为".arw"的 RAW 格式文件，则需要升级 Adobe CameraRaw 插件。该插件会根据新发布的相机型号，及时推出更新升级包，以确保能够打开使用各种相机拍摄的RAW 格式文件。

Q：什么是 RAW 格式文件？

A：简单地说，RAW 格式文件就是一种数码照片文件格式，包含数码相机传感器未处理的图像数据，相机不会处理来自传感器的色彩分离的原始数据，仅将这些数据保存在存储卡中。

这意味着相机将（所看到的）全部信息都保存在图像文件中。采用 RAW 格式拍摄时，数码相机仅保存 RAW 格式图像和 EXIF 信息（相机型号、所使用的镜头、焦距、光圈、快门速度等），摄影师设定的相机预设值或参数值（如对比度、饱和度、清晰度和色调等）都不会影响所记录的图像数据。

Q：使用 RAW 格式拍摄的优点有哪些？

A：使用 RAW 格式拍摄有以下几个优点。

● 可将相机中的许多文件后期工作转移到计算机上进行，从而可以进行更细致的处理，包括白平衡、高光区、阴影区调节，以及清晰度、饱和度控制等。对于非 RAW 格式文件而言，由于在相机内处理图像时已经应用了白平衡设置，因此画质会有部分损失。

● 可以使用最原始的图像数据（直接来自于传感器），而不是经过处理的信息，将得到更好的画面效果。

● 可在计算机上以不同的幅度增加或减少曝光值，从而在一定程度上纠正曝光不足或曝光过度。但需要注意的是，这样操作无法从根本上改变照片欠曝或过曝的情况。

Q：后期处理能够调整照片高光中极白或阴影中极黑的区域吗？

A：虽然以 RAW 格式存储的照片可以在后期软件中对超过标准曝光 ±2 挡的画面进行有效修复，但是对于照片中高光处所出现的极白或阴影处所出现的极黑区域，即使使用最好的后期处理软件也无法恢复其中的细节，因此，在拍摄时要尽可能地确定好画面的曝光量，或通过调整构图使画面中避免出现极白或极黑的区域。

拍摄 HEIF 照片

通过"JPEG/HEIF 切换"菜单，用户可以将照片记录为 HEIF 或 JPEG 格式。HEIF 格式是高效率图像文件格式（High Efficiency Image File Format）的英文缩写，它不仅可以存储静态照片和 EXIF 信息元数据等，还可以存储动画、图像序列甚至视频、音频等，而 HEIF 的静态照片格式特指以 HEVC 编码器进行压缩的图像数据和文件。

在"JPEG/HEIF 切换"菜单中，用户可以选择两个 HEIF 选项。选择"HEIF（4:2:0）"选项，将以 HEIF（4:2:0）格式显像和拍摄照片，这个选项可以优先影像质量和压缩效率；选择"HEIF（4:2:2）"选项，将以 HEIF（4:2:2）格式显像和拍摄照片，这个选项则优先影像质量。

HEIF 格式图像具有以下几个优点。

● 超高比压缩文件的同时具有高画质特征。HEIF 静态照片在文件大小相同的情况下可以保留的信息是 JPEG 的两倍，或者说画质相同时 HEIF 的容量只有不到 JPEG 的一半。

● 具有更优质的画质。HEIF 图像和视频一样，支持高达 10 位色深保存，而且和 HDR 图像、广色域等新技术的应用能更好地无缝配合，可以把高动态显示、景深、色深等信息封装至同一个文件中，记录和显示更明亮、更鲜艳生动的照片和视频。

● 内容灵活。由于 HEIF 是一种封装格式，因此能保存的信息比 JPEG 丰富很多，除了缩略图、EXIF 和元数据等信息，还可以保存并显示更详细的数据信息。

❶ 在**拍摄菜单**中的第 1 页**影像质量 / 记录**中，点击选择 **JPEG/HEIF 切换**选项

❷ 点击选择 **HEIF(4：2：0) 或 HEIF(4：2：2)** 选项

▲ 在旅拍中，将照片格式设置为 HEIF 格式，可以在同样的存储空间下，保存更多的照片『焦距：28mm；光圈：F14；快门速度：1/2s；感光度：ISO200』

HLG 静态影像

在拍摄大光比场景时，除了使用"动态范围优化"功能，还可以通过将此场景拍摄成为 HDR 照片，使高光部分及暗调部分均有丰富细节。

使用索尼 α7C Ⅱ 微单相机的"HLG 静态影像"功能，即可以使用相当于 HLG 的伽马特性，使拍摄出的照片具有宽广的动态范围及兼容 BT.2020 标准的宽广色域。

不过此功能仅在采用 HEIF 格式下才能开启，因此需要先将"JPEG/HEIF 切换"菜单设置为"HEIF(4:2:0)"或"HEIF(4:2:2)"，并将"文件格式"菜单设为"HEIF"选项。

❶ 在**拍摄菜单**的第 1 页**影像质量**中，点击选择 **HLG 静态影像**选项

❷ 点击选择**开**或**关**选项

设置 RAW 文件类型

众所周知，RAW 格式可以最大限度地记录照片的拍摄数据，比 JPEG 格式拥有更高的可调整宽容度，但其最大的缺点是由于记录的信息很多，文件容量非常大。在索尼 α7C Ⅱ 微单相机中，可以根据需要设置"已压缩"选项，以减小文件容量。当然，在存储卡空间足够的情况下，应尽可能地选择未压缩的文件格式，从而为后期处理保留最大的空间。

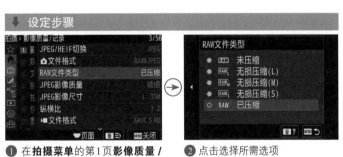

❶ 在**拍摄菜单**的第 1 页**影像质量 / 记录**中，点击选择 **RAW 文件类型**选项

❷ 点击选择所需选项

● 未压缩：选择此选项，则不会压缩 RAW 照片，以原始数据记录照片。但照片文件会比已压缩的 RAW 照片文件大，因此需要更多的存储空间。

● 无损压缩（L）/无损压缩（M）/无损压缩（S）：选择此选项，采用无损压缩方式记录 RAW 格式照片，这种压缩方式不会造成照片质量下降，而且具有较高的压缩率。在此可以分别选择尺寸 L、中尺寸 M 及小尺寸 S。

● 已压缩：选择此选项，用已压缩 RAW 格式记录照片。

根据用途及存储空间设置图像尺寸

图像尺寸直接影响着最终输出照片的大小，通常情况下，只要存储卡空间足够，则建议使用大尺寸，以便于在计算机上通过后期处理软件对照片进行二次构图处理。

另外，如果照片用于印刷、洗印等，推荐使用大尺寸存储。如果只是用于网络发布、简单地记录或在存储卡空间不足时，则可以根据情况选择较小的尺寸。

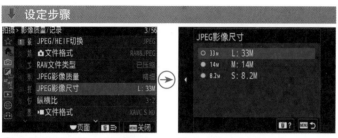

❶ 在**拍摄菜单**的第 1 页**影像质量 /
记录**，点击选择 **JPEG 影像尺寸**选项

❷ 点击选择照片的尺寸

当"纵横比"设置为 3：2 时的影像尺寸			当"纵横比"设置为 4：3 时的影像尺寸		
选项	像素值	分辨率	选项	像素值	分辨率
L（大）	33M	7008×4672（像素）	L（大）	29M	6224×4672（像素）
M（中）	14M	4608×3072（像素）	M（中）	13M	4096×3072（像素）
S（小）	8.2M	3504×2336（像素）	S（小）	7.3M	3120×2336（像素）
当"纵横比"设置为 16：9 时的影像尺寸			当"纵横比"设置为 1：1 时的影像尺寸		
选项	像素值	分辨率	选项	像素值	分辨率
L（大）	28M	7008×3944（像素）	L（大）	22M	4672×4672（像素）
M（中）	12M	4608×2592（像素）	M（中）	9.4M	3072×3072（像素）
S（小）	6.9M	3504×1968（像素）	S（小）	5.5M	2336×2336（像素）

Q：对于数码相机而言，是不是像素数量越高画质越好？

A：很多摄影爱好者喜欢将相机的像素数量与成像质量联系在一起，认为像素越高，画质越好，而实际情况可能正好相反。更准确地说，在数码相机感光元件面积确定的情况下，当相机的像素量达到一定数值后，像素越高，成像质量可能会越差。

究其原因，就要引出像素密度的概念。简单来说，像素密度是指在相同大小感光元件上的像素数量，像素数量越多，像素密度越高。直观地理解就是将感光元件分割为更多的块，每一块代表一个像素，随着像素数量的继续增加，感光元件被分割为越来越小的块，当这些块小到一定程度时，可能会导致通过镜头投射到感光元件上的光线变少，并产生衍射等现象，最终导致画面质量下降。

因此，对于数码相机而言，不能一味地追求超高像素。

设置 JPEG 或 HEIF 格式照片的影像质量

可以通过"JPEG 影像质量"或"HEIF 影像质量"菜单来设置 JPEG 或 HEIF 格式照片的影像质量。

菜单中包含有"超精细""精细""标准""小"4 个选项，照片压缩率从小到大依次为"超精细""精细""标准""小"。一般情况下，建议使用"超精细"格式进行拍摄，这样不仅可以得到更高的影像质量，而且后期处理的效果也会更好；在高速连拍（如体育摄影）或需大量拍摄（如旅游纪念、纪实）时，"标准"格式是最佳选择。

❶ 在**拍摄菜单**的第 1 页**影像质量 / 记录**中，点击选择 **JPEG 影像质量**设置选项

高手点拨：在 "JPEG/HEIF切换" 菜单中选择 "HEIF（4：2：0）" 或 "HEIF（4：2：2）" 选项时，则此菜单名称变为 "HEIF 影像质量"。

❷ 点击选择所需选项

❸ 点击选择所需的 HEIF 影像质量选项

设置照片的纵横比

纵横比是指照片高度与宽度的比例。通常情况下，标准的纵横比为 3：2。

如果希望拍摄出适合在宽屏计算机显示器或高清电视上查看的照片，可以将纵横比设置为 16：9。

使用 1：1 的纵横比拍摄出来的画面是正方形的，当需要使用正方形画幅来表现主体或拍摄用于网络头像的照片时，适合使用此纵横比。

❶ 在**拍摄菜单**的第 1 页**影像质量 / 记录**中，点击选择**纵横比**选项

❷ 点击选择所需的**纵横比**选项

▲ 使用 3：2 纵横比拍摄的照片，虽然使用同样的焦距，但画面的视觉效果与 16：9 纵横比的照片相比较为普通

▲ 使用 16：9 纵横比拍摄的照片，画面的空间感更强，有利于强调场景的纵深感和空间感

随拍随赏——拍摄后查看照片

回放照片的基本操作

在回放照片时，可以进行放大、缩小、显示信息、前翻、后翻及删除照片等多种操作，下面通过图示说明回放照片的基本操作方法。

按下放大按钮可以放大照片，转动控制拨轮可以调整放大倍率，按▲、▼、◀、▶方向键可移动查看放大的照片局部，按控制拨轮中央按钮则结束放大显示

连续按 DISP 按钮，可以循环显示拍摄信息

按▶按钮，即可开始浏览照片

按照片索引按钮，可以显示照片索引，转动控制拨轮或按控制拨轮上的方向键可选择照片

按按钮，再按▲方向键选择删除选项，然后按控制拨轮中央按钮，即可删除所选照片

❶ 显示具体信息

❷ 显示柱状图

❸ 无显示信息

对焦边框显示

启用"对焦边框显示"功能，则播放照片时对焦点将以绿色小框显示，这时如果发现焦点不在计划合焦的位置上，可以重新拍摄。

❶ 在**播放菜单**的第 7 页**播放选项**中，点击选择**对焦边框显示**选项

❷ 点击选择是否在回放照片时显示对焦点

▲ 选择**开**选项时，播放照片时对焦点的显示状态

第 3 章
必须掌握的基本曝光、
对焦操作及菜单功能

调整光圈控制曝光与景深

光圈的结构

　　光圈是相机镜头内部的一个组件。它由许多金属薄片组成，金属薄片不是固定的，通过改变它的开启程度可以控制进入镜头光线的多少。光圈开启得越大，通光量就越多；光圈开启得越小，通光量就越少。摄影师可以仔细观察镜头在选择不同光圈时叶片大小的变化。

 高手点拨：虽然光圈数值是在相机上设置的，但其可调整的范围却是由镜头决定的，即镜头支持的最大及最小光圈就是在相机上可以设置的上限和下限。镜头可支持的光圈越大，则在同一时间内就可以吸收更多的光线，从而允许用户在更暗的环境中进行拍摄。当然，光圈越大的镜头，价格也越贵。

▲ 从镜头的底部可以看到镜头内部的光圈金属薄片

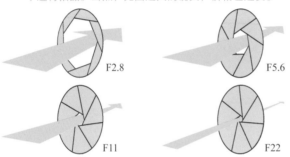

F2.8　　　　　F5.6

F11　　　　　F22

▲ 光圈是控制相机通光量的装置，光圈越大（F2.8），通光量越多；光圈越小（F22），通光量越少。

▲ E 18-200mm
F3.5-6.3 OSS

▲ E 50mm F1.4
GM

▲ FE 70-200mm F2.8
GM OSS Ⅱ

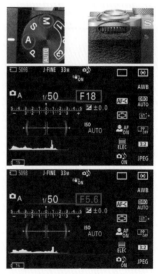

▲ 操作方法

旋转模式旋钮至光圈优先模式或手动模式。在光圈优先模式下，可以转动前转盘/后转盘L 来选择不同的光圈值；而在手动模式下，可以转动前转盘调整光圈值

　　在上面展示的 3 款镜头中，E 50mm F1.4 GM 是定焦镜头，其最大光圈为 F1.4；FE 70-200mm F2.8 GM OSS Ⅱ 为恒定光圈的变焦镜头，无论使用哪一个焦段进行拍摄，其最大光圈都能够达到 F2.8；E 18-200mm F3.5-6.3 OSS 是浮动光圈的变焦镜头，当使用镜头的广角端（18mm）拍摄时，最大光圈可以达到 F3.5，而当使用镜头的长焦端（200mm）拍摄时，最大光圈只能够达到 F6.3。

　　当然，上述 3 款镜头也均有最小光圈值，例如，FE 70-200mm F2.8 GM 的最小光圈为 F22，E 18-200mm F3.5-6.3 OSS 的最小光圈与其最大光圈同样是一个浮动范围（F22 ~ F40）。

光圈值的表现形式

光圈值用字母 F 或 f 表示，如 F8（或 f/8）。常见的光圈值有 F1.4、F2、F2.8、F4、F5.6、F8、F11、F16、F22、F32、F36 等，光圈每递进一挡，光圈口径就会缩小一部分，通光量也随之减半。例如，F5.6 光圈的进光量是 F8 的两倍。

光圈数值还有 F1.6、F1.8、F3.5 等，但这些数值不包含在正级数之内，这是因为各个镜头厂商为了让摄影师能够更精确地控制曝光量，设计了 1/3 级或者 1/2 级的光圈。当光圈以 1/3 级进行调节时，则会出现如 F1.6、F1.8、F2.2、F2.5 等光圈数值；当光圈以 1/2 级进行调节时，则会出现 F3.5、F4.5、F6.7、F9.5 等光圈数值。读者可以通过相机中的"曝光步级"选项进行设置。若选择"0.5 段"，即以 1/2 级进行光圈控制；若选择"0.3"段，即以 1/3 级进行光圈控制。

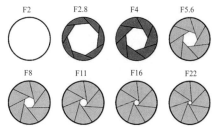

▲ 不同光圈值下镜头通光口径的变化

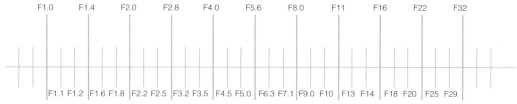

▲ 光圈级数刻度示意图，上排为光圈正级数，下排为光圈副级数

光圈对成像质量的影响

通常情况下，摄影师在拍摄时都会选择比镜头最大光圈小 1~2 挡的中等光圈，因为大多数镜头在中等光圈下的成像质量是最优秀的，照片的色彩和层次都能有更好的表现。例如，一只最大光圈为 F2.8 的镜头，其最佳成像光圈为 F5.6~F8。另外，也不能使用过小的光圈，因为过小的光圈会使光线在镜头中产生衍射效应，导致画面质量下降。

Q：什么是衍射效应？

A：衍射是指当光线穿过镜头光圈时，光在传播的过程中发生弯曲的现象。光线通过的孔隙越小，光的波长越长，这种现象就越明显。因此，在拍摄时光圈收得越小，在被记录的光线中衍射光所占的比例就越大，画面的细节损失就越多，画面就越不清楚。衍射效应对 APS-C 画幅数码相机和全画幅数码相机的影响程度稍有不同。通常 APS-C 画幅数码相机在光圈收小到 F11 时，就能发现衍射效应对画质产生了影响；而全画幅数码相机在光圈收小到 F16 时，才能够看到衍射效应对画质产生了影响。

▲ 全画幅相机使用镜头最佳光圈拍摄时，所得到的照片画质最理想『焦距：18mm；光圈：F16；快门速度：10s；感光度：ISO200』

光圈对曝光的影响

如前所述，在其他参数不变的情况下，光圈增大一挡，则曝光量增加一倍，如光圈从 F4 增大至 F2.8，即可增加一倍的曝光量；反之，光圈减小一挡，则曝光量也随之减少一半。换而言之，光圈开得越大，通光量就越多，拍摄出来的照片也越明亮；光圈开得越小，通光量就越少，拍摄出来的照片也越暗淡。

下面是一组在焦距为 35mm、快门速度为 1/20s、感光度为 ISO200 的特定参数下，只改变光圈值所拍摄的照片。

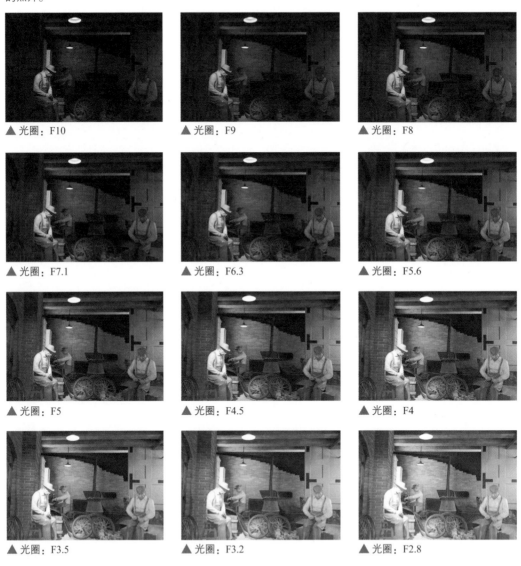

▲ 光圈：F10　　　　　　▲ 光圈：F9　　　　　　▲ 光圈：F8

▲ 光圈：F7.1　　　　　　▲ 光圈：F6.3　　　　　　▲ 光圈：F5.6

▲ 光圈：F5　　　　　　▲ 光圈：F4.5　　　　　　▲ 光圈：F4

▲ 光圈：F3.5　　　　　　▲ 光圈：F3.2　　　　　　▲ 光圈：F2.8

通过这一组照片可以看出，在其他曝光参数不变的情况下，随着光圈逐渐变大，进入镜头的光线不断增多，因此拍摄出来的画面也逐渐变亮。

理解景深

简单来说，景深即指对焦位置前后的清晰范围。清晰范围越大，表示景深越大；反之，清晰范围越小，表示景深越小，画面的虚化效果就越好。

景深的大小与光圈、焦距及拍摄距离这3个要素密切相关。当拍摄者与被摄对象之间的距离非常近时，或者使用长焦距或大光圈拍摄时，都能得到对比强烈的背景虚化效果；反之，当拍摄者与被摄对象之间的距离较远，或者使用小光圈或较短焦距拍摄时，画面的虚化效果就会较弱。另外，被摄对象与背景间的距离也是影响背景虚化的重要因素。例如，当被摄对象距离背景较近时，即使用 F1.8 的大光圈也不能得到好的虚化效果；但当被摄对象距离背景较远时，即使用小光圈也能获得明显的虚化效果。

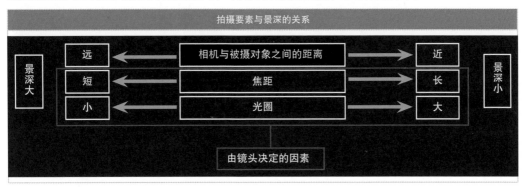

Q：景深与对焦点的位置有什么关系？

A：景深是指照片中某个景物清晰的范围。当摄影师将镜头对焦于某个点并拍摄后，在照片中与该点处于同一平面的景物都是清晰的，而位于该点前方和后方的景物则由于没有对焦，因此都是模糊的。但由于人眼不能精确地辨别焦点前方和后方出现的轻微模糊，因此这部分图像看上去仍然是清晰的，这种清晰会一直在照片中向前、向后延伸，直至景物看上去变得模糊到不可接受，而这个可接受的清晰范围，就是景深。

Q：什么是焦平面？

A：如前所述，当摄影师将镜头对焦于某个点拍摄时，在照片中与该点处于同一平面的景物都是清晰的，而位于该点前方和后方的景物则都是模糊的，这个清晰的平面就是成像焦平面。如果摄影师的相机位置不变，当被摄对象在可视区域内向焦平面做水平运动时，成像始终是清晰的；但如果其向前或向后移动，则由于脱离了成像焦平面，会出现一定程度的模糊，景物模糊的程度与其距焦平面的距离成正比。

▲ 对焦点在中间的财神爷玩偶上，但由于另外两个玩偶与其在同一个焦平面上，因此3个玩偶均是清晰的

▲ 对焦点仍然在中间的财神爷玩偶上，但由于另外两个玩偶与其不在同一个焦平面上，因此另外两个玩偶是模糊的

光圈对景深的影响

　　光圈是控制景深（背景虚化程度）的重要因素，在其他条件不变的情况下，光圈越大，景深越小；反之，光圈越小，景深越大。如果在拍摄时想通过控制景深来使自己的作品更有艺术效果，就要学会合理地使用大光圈和小光圈。

　　通过调整光圈数值的大小，即可拍摄不同的对象或表现不同的主题。例如，大光圈主要用于人像摄影、微距摄影，通过模糊背景来有效地突出主体；小光圈主要用于风景摄影、建筑摄影、纪实摄影等，大景深可以让画面中的所有景物都能清晰呈现。

　　下面是一组在焦距为 70mm、感光度为 ISO125 的特定参数下，以光圈优先模式拍摄得到的照片。

▲ 光圈：F11；快门速度：1/200s　　▲ 光圈：F10；快门速度：1/250s　　▲ 光圈：F9；快门速度：1/320s

▲ 光圈：F8；快门速度：1/400s　　▲ 光圈：F6.3；快门速度：1/500s　　▲ 光圈：F4；快门速度：1/640s

　　从这组照片中可以看出，当光圈从 F11 逐渐增大到 F4 时，画面的景深逐渐变小，画面背景处的花朵逐渐模糊。

焦距对景深的影响

　　当其他条件相同时，焦距越长，画面的景深越小，可以得到更明显的虚化效果；反之，焦距越短，则画面的景深越大，容易呈现出前后景都清晰的画面效果。

　　下面是一组在光圈为 F2.8、快门速度为 1/400s、感光度为 ISO200 的参数下，只改变焦距拍摄得到的照片。

▲ 焦距：24mm　　▲ 焦距：35mm　　▲ 焦距：50mm　　▲ 焦距：70mm

　　从这组照片中可以看出，当焦距由 24mm 变化到 70mm 时，主体花朵逐渐变大，同时背景的景深变小，虚化效果越来越好。

拍摄距离对景深的影响

在其他条件不变的情况下，拍摄者与被摄对象之间的距离越近，越容易得到小景深的虚化效果；反之，如果拍摄者与被摄对象之间的距离较远，则不容易得到虚化效果。

这一点在使用微距镜头拍摄时体现得更为明显，当镜头离被摄对象很近时，画面中的清晰范围就变得非常小。因此，在人像摄影中，为了获得较小的景深，经常采取靠近被摄者拍摄的方法。

下面为一组在所有拍摄参数都不变的情况下，只改变镜头与被摄对象之间的距离时拍摄得到的照片。

通过左侧展示的这组照片可以看出，当镜头距离前景位置的玩偶越远时，其背景的虚化效果越差。

背景与被摄对象的距离对景深的影响

在其他条件不变的情况下，画面中的背景与被摄对象的距离越远，越容易得到小景深的虚化效果；反之，如果画面中的背景与被摄对象位于同一个焦平面上，或者非常靠近，则不容易得到虚化效果。

左图所示为在所有拍摄参数都不变的情况下，只改变被摄对象距离背景的远近而拍出的照片。

通过左侧展示的这组照片可以看出，在镜头位置不变的情况下，随着前面的木偶距离背景中的两个木偶越来越近，背景中的木偶虚化程度也越来越低。

设置快门速度控制曝光时间

快门与快门速度的含义

简单来说，快门的作用就是控制曝光时间的长短。在按下快门按钮时，从快门前帘开始移动到后帘结束所用的时间就是快门速度，这段时间实际上就是相机感光元件的曝光时间。所以快门速度决定了曝光时间的长短，快门速度越快，曝光时间就越短，曝光量也越少；快门速度越慢，曝光时间就越长，曝光量也越多。

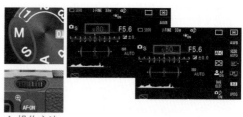

▲ 操作方法

旋转模式旋钮至快门优先或手动模式。在快门优先模式下，转动前转盘/后转盘 L 选择不同的快门速度值；在手动模式下，转动后转盘 L 选择不同的快门速度值

快门速度的表示方法

快门速度以秒为单位，一般入门级及中端微单相机的快门速度范围为 1/4000 ~ 30s，而专业或准专业相机的最高快门速度则达到了 1/8000s，可以满足更多题材和场景的拍摄要求。作为索尼全画幅微单相机的索尼 α7C Ⅱ，其最高的快门速度为 1/8000s。

常用的快门速度有 30s、15s、8s、4s、2s、1s、1/2s、1/4s、1/8s、1/15s、1/30s、1/60s、1/125s、1/250s、1/500s、1/1000s、1/4000s 等。

使用1/500s的快门速度抓拍到了猫咪的奔跑动作
『焦距：70mm；光圈：F4；快门速度：1/500s；感光度：ISO200』

快门速度对曝光的影响

如前面所述，快门速度的快慢决定了曝光量的多少，在其他条件不变的情况下，快门速度每变化一倍，曝光量也会变化一倍。例如，当快门速度由1/125s 变为 1/60s 时，由于快门速度慢了一半，曝光时间增加了一倍，因此总的曝光量也随之增加了一倍。从下面展示的一组照片中可以发现，在光圈与ISO 感光度数值不变的情况下，快门速度越慢，则曝光时间越长，画面感光越充分，所以画面也越亮。

下面是一组在焦距为 70mm、光圈为 F5、感光度为 ISO125 的特定参数下，只改变快门速度拍摄的照片。

▲ 快门速度：1/20s

▲ 快门速度：1/15s

▲ 快门速度：1/13s

▲ 快门速度：1/10s

▲ 快门速度：1/8s

▲ 快门速度：1/6s

▲ 快门速度：1/5s

▲ 快门速度：1/4s

通过这组照片可以看出，在其他曝光参数不变的情况下，随着快门速度逐渐变慢，进入镜头的光线不断增多，因此所拍摄出来的画面也逐渐变亮。

影响快门速度的三大要素

影响快门速度的要素包括感光度、光圈及曝光补偿，它们对快门速度的具体影响如下。

● 感光度：感光度每增加一倍（如从 ISO100 增加到 ISO200），感光元件对光线的敏锐度会随之增加一倍，同时，快门速度会随之提高一倍。

● 光圈：光圈每提高一挡（如从 F4 增加到 F2.8），快门速度可以提高一倍。

● 曝光补偿：曝光补偿数值每增加一挡，由于需要更长时间的曝光来提亮照片，因此快门速度将降低一半；反之，曝光补偿数值每降低一挡，由于照片不需要更多的曝光，因此快门速度可以提高一倍。

快门速度对画面效果的影响

快门速度不仅影响相机的进光量，还会影响画面的动感效果。当表现静止的景物时，快门的快慢对画面不会产生什么影响，除非摄影师在拍摄时有意摆动镜头；但当表现动态的景物时，不同的快门速度能够营造出不一样的画面效果。

右侧照片是在焦距、感光度都不变的情况下，将快门速度依次调慢所拍摄的。

对比这组照片可以看到，当快门速度较快时，水流被定格成相对清晰的影像，但当快门速度逐渐降低时，流动的水流在画面中渐渐产生模糊的效果。

由上述可见，如果希望在画面中凝固运动着的拍摄对象的精彩瞬间，应该使用高速快门。拍摄对象的运动速度越高，采用的快门速度也要越快，以便在画面中凝固运动对象，形成一种时间突然停滞的静止效果。

如果希望在画面中表现运动着的拍摄对象的动态模糊效果，可以使用低速快门，使其在画面中形成动态模糊效果，从而较好地表现出生动的效果。按此方法拍摄流水、夜间的车流轨迹、风中摇摆的植物、流动的人群等，都能够得到画面效果流畅、生动的照片。

▲ 光圈：F2.8；快门速度：1/80s；感光度：ISO50

▲ 光圈：F9；快门速度：1/8s；感光度：ISO50

▲ 光圈：F14；快门速度：1/3s；感光度：ISO50

▲ 光圈：F20；快门速度：0.8s；感光度：ISO50

▲ 光圈：F22；快门速度：1s；感光度：ISO50

▲ 光圈：F25；快门速度：1.3s；感光度：ISO50

▲ 采用高速快门定格在空中跳跃的女孩『焦距：70mm；光圈：F5.6；快门速度：1/500s；感光度：ISO200』

▲ 采用低速快门记录夜间的车流轨迹『焦距：28mm；光圈：F20；快门速度：30s；感光度：ISO100』

善用安全快门速度确保不糊片

简单来说，安全快门是指人在手持相机拍摄时能保证画面清晰的最低快门速度。这个快门速度与镜头的焦距有很大关系，即手持相机拍摄时，快门速度应不低于焦距的倒数。比如，相机焦距为70mm，拍摄时的快门速度应不低于1/80s。这是因为人在手持相机拍摄时，即使被拍摄对象待在原地纹丝不动，也会因为拍摄者本身的抖动而导致画面模糊。

因此，在使用索尼 α7C Ⅱ 微单相机拍摄时，如果以 200mm 焦距进行拍摄，其快门速度不应该低于1/200s。

▼虽然是拍摄静态的玩偶，但由于光线较弱，致使快门速度低于安全快门速度，所以拍摄出来的玩偶手中的酒瓶标签是比较模糊的『焦距：100mm；光圈：F2.8；快门速度：1/50s；感光度：ISO200』

▲拍摄时提高了感光度数值，因此能够使用更高的快门速度，从而确保拍出来的照片很清晰『焦距：100mm；光圈：F2.8；快门速度：1/160s；感光度：ISO800』

长时曝光降噪

曝光时间越长，产生的噪点就越多，此时，可以启用"长时曝光降噪"功能来消减画面中产生的噪点。

"长时曝光降噪"菜单用于对快门速度低于 1s（或者说总曝光时间长于 1s）所拍摄的照片进行减少噪点处理，处理所需时间长度约等于当前曝光的时长。

高手点拨：一般情况下，建议将"长时曝光降噪"设置为"开"；但是在某些特殊条件下，比如在寒冷的天气拍摄时，电池的电量消耗得很快，为了保持电池电量，建议关闭该功能，因为相机的降噪过程和拍摄过程需要大致相同的时间。

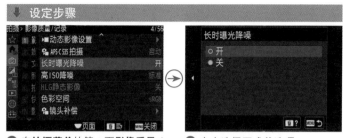

❶ 在**拍摄菜单**的第 1 页**影像质量 / 记录**中，选择**长时曝光降噪**选项　　❷ 点击选择**开**或**关**选项

Q：防抖功能是否能够代替较高的快门速度？

A：虽然在弱光条件下拍摄时开启防抖功能，可以允许摄影师使用更低的快门速度，但实际上防抖功能并不能代替较高的快门速度。要想获得高清晰度的照片，仍需用较高的快门速度来捕捉瞬间动作。不管防抖功能多么强大，只有使用较高的快门速度才能清晰地捕捉到快速移动的被摄对象。

▲ 左图是未开启"长时曝光降噪"功能时拍摄的画面局部，右图是开启了"长时曝光降噪"功能后拍摄的画面局部，可以看到右图中的杂色及噪点都明显减少了，但同时也损失了一些细节

▶ 通过较长曝光时间拍摄的夜景照片『焦距：24mm；光圈：F14；快门速度：15s；感光度：ISO100』

设置感光度控制照片品质

理解感光度

数码相机感光度的概念是从传统胶片的感光度引入的，用于表示感光元件对光线的敏锐程度，即在相同条件下，相机的感光度越高，获得光线的数量也就越多。但需要注意的是，感光度越高，画面产生的噪点就越多；而感光度低，画面越清晰、细腻，细节表现较好。

索尼 α7C Ⅱ 微单相机在感光度的控制方面很优秀，其感光度范围为 ISO100 ~ ISO51200（可以向上扩展至 ISO204800，向下扩展至 ISO50），在光线充足的情况下，使用 ISO80 进行拍摄即可。

ISO 感光度设置

索尼 α7C Ⅱ 微单相机提供了多个感光度控制选项，可以在"曝光/颜色"菜单的"ISO"中设置 ISO 感光度的数值和自动 ISO 感光度控制参数。

设置 ISO 感光度的数值

当需要改变 ISO 感光度的数值时，可以在"ISO"菜单中进行设置。当然，也可以按 ISO 按钮设置 ISO 感光度，这样操作起来更方便。

在光线充足的环境下拍摄时，将感光度设置为 ISO100 可以获得细腻的画质『焦距：85mm；光圈：F2.5；快门速度：1/200s；感光度：ISO100』

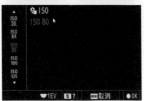

▲ 操作方法

在 P、A、S、M 模式下，可以按 ISO 按钮，然后转动控制拨轮或按▲或▼方向键调整 ISO 感光度数值

❶ 在**曝光/颜色菜单**的第 1 页**曝光**中，点击选择 **ISO** 选项

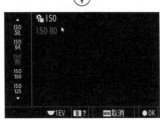

❷ 点击选择所需的感光度数值，然后点击 OK 图标确定

自动 ISO 感光度

当对感光度的设置要求不高时，可以将 ISO 感光度设定为由相机自动控制，即当相机检测到依据当前的光圈与快门速度组合无法满足曝光需求或可能会曝光过度时，就会自动选择一个合适的 ISO 感光度数值，以满足正确曝光的需求。

当选择"ISO AUTO"选项时，摄影师可以在 ISO100 ～ ISO12800 感光度范围内，分别设定一个最小自动感光度值和最大自动感光度值。例如，将最小感光度设为 ISO100，最大感光度设为 ISO3200 时，那么在拍摄时，相机就会在 ISO100 ～ ISO3200 范围内自动调整感光度。

● ISO AUTO 最小：选择此选项，可设置自动感光度的最小值。

● ISO AUTO 最大：选择此选项，可设置自动感光度的最大值。

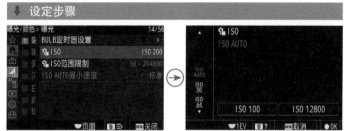

❶ 在**曝光/颜色菜单**的第 1 页**曝光**中，点击选择 ISO 选项

❷ 在左侧列表中点击选择 **ISO AUTO** 选项

❸ 选择 **ISO AUTO 最小**选项时，点击▲或▼图标可以选择一个最小感光度值

❹ 选择 **ISO AUTO 最大**选项时，点击▲或▼图标可以选择一个最大感光度值

 高手点拨：自动感光度适合在环境光线变化幅度较大的场合使用，如演唱会、婚礼现场等，在这种场合拍摄时，相机可以快速提高或降低感光度，从而拍出曝光合适的照片。如果是日常拍摄，自动 ISO 感光度功能比较实用。但是，如果希望拍出高质量的照片，则建议手动控制感光度。

▲ 在婚礼现场拍摄时，无论是在灯光昏黄的家居室内，还是灯光明亮的宴会大厅，使用自动 ISO 感光度功能后都能得到相当不错的画面效果

设置自动感光度时的最低快门速度

当将感光度设置为"ISO AUTO"后，可以通过"ISO AUTO 最小速度"菜单指定最低快门速度的标准。当快门速度低于此标准时，相机将自动提高感光度数值；若快门速度未低于此标准，则使用自动感光度设置的最小感光度数值进行拍摄。

● STD（标准）：选择此选项，相机根据镜头的焦距自动设定安全快门，如当前焦距为50mm，那么，最低快门速度将为1/50s。

● FASTER（更快）/FAST（高速）：选择此选项，最低快门速度会比选择"标准"选项时高，因此可以抵消拍摄时的抖动。

● SLOWER（更慢）/SLOW（低速）：选择此选项，最低快门速度会比选择"标准"选项时慢，因此可以拍摄噪点较少的照片。

● 1/8000～30s：当快门速度不能达到所选择的快门速度值时，感光度将自动提高。

 高手点拨：更快、高速、标准、低速和更慢选项之间的快门速度级别差分别为1级，如果选择"标准"选项时，快门速度为1/60s，则选择"高速"选项时，快门速度将为1/125s，选择"低速"选项时，快门速度将为1/30s，以此类推。

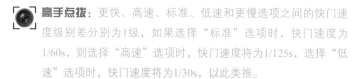

❶ 在**曝光/颜色菜单**的第 1 页**曝光**中，点击选择 **ISO AUTO 最小速度**选项

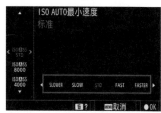

❷ 如果左侧列表中选择了第一个选项，可以在右侧选择最小快门速度的标准（红框所示）

❸ 如果下滑选择了一个快门速度值，则最低快门速度不会低于所选择的值，设置完成后点击 图标确认

 高手点拨："ISO AUTO最小速度"选项在M及S挡曝光模式下无法使用。

◀ 建议将最低快门速度值设置为安全快门速度值，以保证画面的清晰度『焦距：35mm；光圈：F4；快门速度：1/200s；感光度：ISO800』

ISO 数值与画质的关系

对于索尼 α7C Ⅱ 微单相机而言，使用 ISO6400 以下的感光度拍摄，均能获得优秀的画质；在使用 ISO12800 ~ ISO51200 范围内的感光度拍摄时，其画质比在低感光度时拍摄明显降低，但是可以接受。

从实用角度来看，使用 ISO6400 和 ISO12800 拍摄的照片都细节完整、色彩生动，只要不是放大到很大倍数查看，同使用较低感光度拍摄的照片并无明显差异。但是对于一些对画质要求较为苛求的摄影师来说，ISO6400 是索尼 α7C Ⅱ 微单相机能保证较好画质的最高感光度。使用高于 ISO6400 的感光度拍摄时，虽然照片整体上依旧没有过多的杂色，但是通过大屏幕显示器观看时就能发现细节上的缺失，所以除非处于极端环境中，否则不推荐使用。

下面是一组在焦距为 45mm、光圈为 F8 的特定参数下，只改变感光度拍摄得到的照片。

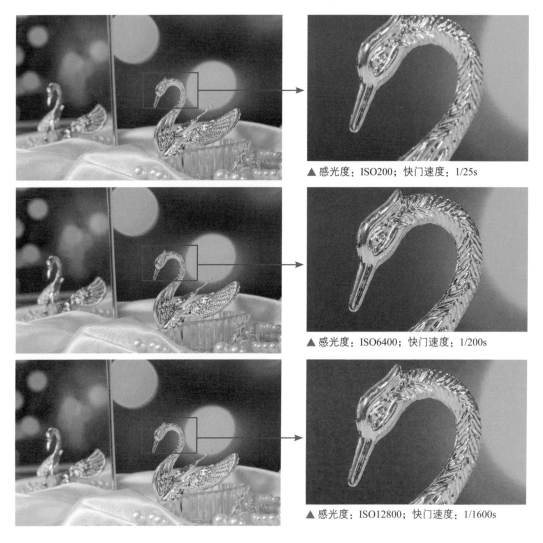

▲ 感光度：ISO200；快门速度：1/25s

▲ 感光度：ISO6400；快门速度：1/200s

▲ 感光度：ISO12800；快门速度：1/1600s

通过对比上面展示的照片及参数可以看出，在光圈优先模式下，随着感光度的升高，快门速度越来越快，虽然照片的曝光量没有改变，但画面中的噪点逐渐增多。

感光度对曝光效果的影响

作为控制曝光的三大要素之一，在其他条件不变的情况下，感光度每增加一挡，感光元件对光线的敏锐度会随之提高一倍，即增加一倍的曝光量；反之，感光度每减少一挡，则减少一半的曝光量。

更直观地说，感光度的变化直接影响光圈或快门速度的设置，以F5.6、1/200s、ISO400的曝光组合为例，在保证被摄对象正确曝光的前提下，如果要改变快门速度并使光圈数值保持不变，可以通过提高或降低感光度来实现，快门速度提高一倍（变为1/400s），则可以将感光度提高一倍（变为ISO800）；如果要改变光圈值而保证快门速度不变，同样可以通过调整感光度数值来实现，例如要增加两挡光圈（变为F2.8），则可以将ISO感光度数值降低两挡（变为ISO100）。

下面是一组在焦距为50mm、光圈为F7.1、快门速度为1.3s的特定参数下，只改变感光度拍摄得到的照片。

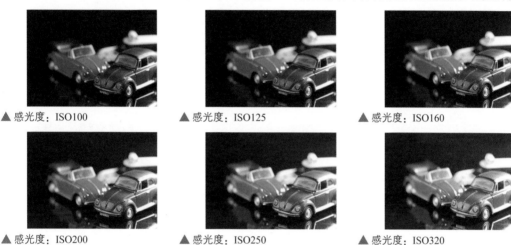

▲ 感光度：ISO100　　　　　▲ 感光度：ISO125　　　　　▲ 感光度：ISO160

▲ 感光度：ISO200　　　　　▲ 感光度：ISO250　　　　　▲ 感光度：ISO320

这组照片是在M挡手动曝光模式下拍摄的，在光圈、快门速度不变的情况下，随着ISO数值的增大，由于感光元件的感光敏感度越来越高，画面变得越来越亮。

感光度的设置原则

感光度除了会对曝光产生影响，对画质也有着极大的影响，即感光度越低，画面越细腻；反之，感光度越高，越容易产生噪点、杂色，画质就越差。

在条件允许的情况下，建议采用索尼 α7C Ⅱ 微单相机常规感光度中的最低值，即ISO100，这样可以最大限度地保证照片得到较高的画质。

需要特别指出的是，使用相同的ISO感光度分别在光线充足与不足的环境中拍摄时，在光线不足环境中拍摄的照片会产生更多的噪点，如果此时再使用较长的曝光时间，那么就更容易产生噪点。因此，在弱光环境中拍摄时，更需要设置低感光度，并配合使用"高ISO降噪"和"长时曝光降噪"功能来获得较高的画质。

当然，低感光度的设置可能会导致快门速度很低，手持拍摄时很容易由于手的抖动而导致画面模糊。此时，应该果断提高感光度，即首先保证能够成功完成拍摄，然后再考虑高感光度给画质带来的损失。因为画质损失可以通过后期处理来弥补，而画面模糊则意味着拍摄失败，是后期无法补救的。

消除高 ISO 产生的噪点

感光度越高，照片产生的噪点也就越多，此时可以启用"高ISO 降噪"功能来减少画面中的噪点，但需要注意的是，这样会失去一些画面细节。

在"高 ISO 降噪"菜单中包含"标准""低""关"3 个选项。选择"标准"或"低"选项时，可以在任何时候执行降噪（不规则间距明亮像素、条纹或雾像），尤其对于使用高 ISO 感光度拍摄的照片更有效；选择"关"选项时，则不会对照片进行降噪。

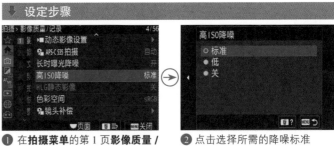

① 在**拍摄菜单**的第 1 页**影像质量 / 记录**中，点击选择**高 ISO 降噪**选项

② 点击选择所需的降噪标准

高手点拨：对于喜欢采用RAW格式存储照片或者喜欢连拍的摄影师，建议关闭该功能；对于喜欢直接使用相机打印照片或者采用JPEG格式存储照片的摄影师，建议选择"标准"或"低"选项。

▶ 利用ISO1600高感光度拍摄并进行高ISO降噪后得到的照片效果『焦距：35mm；光圈：F5；快门速度：1/40s；感光度：ISO1600』

▶ 右图是未开启"高 ISO 降噪"功能放大后的画面局部，左图是启用了"高 ISO 降噪"功能放大后的画面局部，可以看到，画面中的杂色及噪点都明显减少，但同时也损失了一些细节

设置白平衡控制画面色彩

理解白平衡存在的重要性

无论是在室外的阳光下，还是室内的白炽灯光下，人眼都能将白色视为白色，将红色视为红色，这是因为肉眼能够自动修正光源变化造成的着色差异。实际上，当光源改变时，作为这些光源的反射而被捕获的颜色也会发生变化，相机会精确地将这些变化记录在照片中，这样的照片在被校正之前看上去是偏色的。

利用数码相机中的"白平衡"功能可以校正不同光源下色彩的变化，就像人眼的功能一样，使偏色的照片得到校正。

值得一提的是，在实际应用时，也可以尝试使用"错误"的白平衡设置，从而获得特殊的画面色彩。例如，在拍摄夕阳时，如果使用荧光灯白平衡或阴影白平衡，则可以得到冷暖对比或带有强烈暖调色彩的画面，这也是白平衡的一种特殊应用方式。

索尼 α7C II 微单相机共提供了 3 类白平衡设置，即预设白平衡、手调色温及自定义白平衡，下面分别讲解它们的功能。

预设白平衡

除了自动白平衡，索尼 α7C II 微单相机还提供了日光☀、阴天☁、阴影▲、白炽灯☆、荧光灯（暖白色）-1、荧光灯（冷白色）0、荧光灯（日光白色）+1、荧光灯（日光）+2、闪光灯WB、水中自动（🐟）10 种预设白平衡，它们分别适用于一些常见的典型环境，通过选择这些预设的白平衡可以快速获得需要的设置。

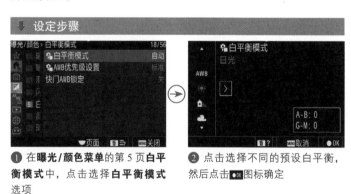

❶ 在**曝光/颜色菜单**的第 5 页**白平衡模式**中，点击选择**白平衡模式**选项

❷ 点击选择不同的预设白平衡，然后点击 图标确定

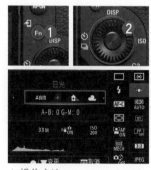

▲ 操作方法

按 Fn 按钮显示快速导航界面，按▲、▼、◀、▶方向键选择白平衡模式图标，然后转动前转盘即可选择不同的白平衡模式

预设白平衡除了能够在特殊光线条件下获得准确的色彩还原，还可以制造出特殊的画面效果。例如，使用白炽灯白平衡模式拍摄阳光下的雪景会给人一种清冷的神秘感；使用阴影白平衡模式拍摄的人像会产生一种油画效果。

理解色温

在摄影领域，色温用于说明光源的成分，单位为"K"。例如，日出、日落时光的颜色为橙红色，这时色温较低，大约为3200K；太阳升高后，光的颜色为白色，这时色温较高，大约为5400K；阴天的色温还要高一些，大约为6000K。色温值越大，则光源中所含的蓝色光越多；反之，色温值越小，则光源中所含的红色光越多。下图为常见场景的色温值。

低色温的光趋于红、黄色调，其能量分布中红色调较多，因此又通常被称为"暖色"；高色温的光趋于蓝色调，其能量分布较集中，也被称为"冷色"。通常在日落时分，光线的色温较低，因此拍摄出来的画面偏暖，适合表现夕阳静谧、温馨的感觉，为了加强这种画面效果，可以叠加使用暖色滤镜，或者将白平衡设置成阴天模式。晴天、中午时分的光线色温较高，拍摄出来的画面偏冷，通常这时空气的能见度也较高，可以很好地表现大景深的场景。另外，冷色调的画面还可以很好地表现出冷清的感觉，在视觉上给人以开阔的感觉。

蓝天、白雪
色温约为
10000K

雨天、阴天
色温约为
7000K

正午晴天
色温约为
5000K

下午阳光
色温约为
4500K

室内灯光
色温约为
3400K

烛光色温约
为1800K

9000K

8000K

7000K

6000K

5000K

4000K

3000K

2000K

1000K

户外阴影
色温约为
7500K

阴天色温约
为6500K

闪光灯色温
约为5500K

夕阳色温约
为3800K

家用电灯
色温约为
2800K

选择色温

　　为了满足复杂光线环境下的拍摄需求，索尼 α7C Ⅱ 微单相机为色温调整白平衡模式提供了 2500 ~ 9900K 的调整范围，摄影师可以根据实际色温和拍摄要求进行精确调整。

　　可以通过两种操作方法来设置色温，第一种方法是通过菜单进行设置，第二种方法是通过快速导航界面来操作。

　　在通常情况下，使用自动白平衡模式就可以获得不错的色彩效果。但在特殊光线条件下，使用自动白平衡模式有时可能无法得到准确的色彩还原，此时应根据光线条件选择合适的白平衡模式。

　　实际上每一种预设白平衡也对应着一个色温值，以下是不同预设白平衡模式所对应的色温值。了解不同预设白平衡所对应的色温值，有助于摄影师精确设置不同光线下所需的色温值。

选　项	色　温	说　明
AWB自动	3500 ~ 8000K	在大部分场景下都能够获得准确的色彩还原，特别适合在快速拍摄时使用
☀白炽灯	3000K	在白炽灯照明环境中使用
荧光灯 暖白色荧光灯 ▦-1	3000K	在暖白色荧光灯照明环境中使用
冷白色荧光灯 ▦0	4200K	在冷白色荧光灯照明环境中使用
日光白色荧光灯 ▦+1	5000K	在昼白色荧光灯照明环境中使用
日光荧光灯▦+2	6500K	在日光荧光灯照明环境中使用
☀日光	5200K	在拍摄对象处于直射阳光下时使用
⚡闪光灯	5400K	在使用内置或外置的闪光灯时使用
☁阴天	6000K	在白天多云时使用
⛅阴影	8000K	在拍摄对象处于白天的阴影中时使用

⬇ 设定步骤

❶ 在**曝光/颜色菜单**的第 5 页**白平衡模式**中，点击选择**白平衡模式**选项

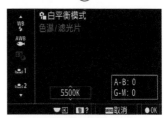

❷ 点击选择**色温/滤光片**选项

❸ 点击选择色温数值框，点击右侧的▲或▼图标更改色温数值，然后点击●ok图标确定

自定义白平衡

索尼 α7C Ⅱ微单相机还提供了一个非常方便的、通过拍摄的方式来自定义白平衡的方法，其操作流程如下。

❶ 将对焦模式切换至MF（手动对焦）模式，找到一个白色物体，放置在用于拍摄最终照片的光线下。

❷ 在"曝光/颜色"菜单的第5页"白平衡模式"中，选择"白平衡模式"选项，然后选择自定义1 ~ 自定义3选项（▲1 ~ ▲3）。

❸ 选择▲SET选项，进入自定义白平衡拍摄数据获取界面。

❹ 此时将要求选择一幅图像作为自定义的依据。手持相机对准白色物体并让白色区域完全遮盖位于屏幕中央的AF区域，然后点击 ●采集 图标，相机发出快门音后，会显示获取的数值。

❺ 捕获成功后，相机屏幕上会显示捕获的白平衡数据，确认后点击 ●OK 图标。

↓ 设定步骤

❶ 切换至手动对焦模式　　❷ 在**白平衡模式**中选择**自定义1 ~ 自定义3**中的任意一个选项　　❸ 点击选择▲ **SET** 选项

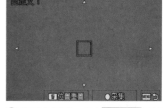

❹ 出现此界面，点击 ●采集 图标对准白色物体拍摄一张照片

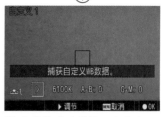

❺ 在捕获成功的界面中点击 ●OK 图标确定

在室内拍摄时，为避免画面偏色使用了自定义白平衡模式，得到颜色正常的画面『焦距：50mm；光圈：F3.2；快门速度：1/125s；感光度：ISO100』

设置自动对焦模式以准确对焦

准确对焦是成功拍摄的重要前提，准确对焦可以让主体在画面中清晰呈现，反之则容易出现画面模糊的问题，即所谓的"失焦"。

索尼 α7C Ⅱ 微单相机提供了自动对焦与手动对焦两种模式，而自动对焦又可以分为 AF-S 单次自动对焦、AF-C 连续自动对焦及AF-A 自动选择自动对焦 3 种，选择合适的对焦方式可以帮助用户顺利地完成对焦工作，下面分别讲解它们的使用方法。

单次自动对焦模式（AF-S）

单次自动对焦模式会在合焦（半按快门时对焦成功）后即停止自动对焦，此时可以保持半按快门的状态重新调整构图。此自动对焦模式常用于拍摄静止的对象。

▲ 操作方法

在拍摄待机屏幕显示的状态下，按 Fn 按钮，然后按方向键选择对焦模式选项，转动前转盘选择所需对焦模式

Q：如何拍摄自动对焦困难的主体？

A：某些情况下，直接使用自动对焦功能拍摄时对焦会比较困难，此时除了使用手动对焦方法，还可以按下面的步骤使用对焦锁定功能进行拍摄。

1. 设置对焦模式为单次自动对焦，设置对焦区域模式为中间模式，将对焦框选定在另一个与希望对焦的主体距离相等的物体上，然后半按快门按钮。

2. 因为半按快门按钮时对焦已被锁定，因此可以将镜头移至希望对焦的主体上，重新构图后完全按下快门完成拍摄。

▲ 拍摄静态对象时，使用单次自动对焦模式完全可以满足拍摄需求

连续自动对焦模式（AF-C）

选择此对焦模式后，当摄影师半按快门合焦时，在保持快门的半按状态下，相机会在对焦点中自动切换，以保持对运动对象的准确合焦状态。如果在这个过程中主体位置或状态发生了较大变化，相机会自动做出调整。

这是因为在此对焦模式下，如果摄影师半按快门释放按钮，被摄对象靠近或远离相机，相机都将自动启用对焦跟踪系统，以确保被摄对象始终处于合焦状态。这种对焦模式比较适合拍摄运动中的宠物、昆虫、人等对象。

**高手点拨**：如果被摄对象的移动速度过快或移出了画面，则相机将无法完成对焦。

▲ 在拍摄玩耍中的猫咪时，使用连续自动对焦模式可以随着猫咪的运动而迅速调整对焦，以保证获得主体清晰的画面

自动选择自动对焦模式（AF-A）

自动选择自动对焦模式适用于无法确定被摄对象是静止还是运动的情况，此时相机会自动根据被摄对象是否运动来选择单次自动对焦还是连续自动对焦模式，这种对焦模式适用于拍摄不能够准确预测动向的被摄对象，如昆虫、鸟、儿童等。

例如，在拍摄动物时，如果所拍摄的动物暂时处于静止状态，但有突然运动的可能性，应该使用此对焦模式，以保证能够将拍摄对象清晰地捕捉下来。在拍摄人像时，如果模特不是处于摆拍状态，随时有可能从静止状态变为运动状态，也可以使用这种对焦模式。

▲ 拍摄忽然停止、忽然运动的题材时，使用 AF-A 自动对焦模式最合适

设置自动对焦区域模式

在确定自动对焦模式后，还需要指定自动对焦区域模式，以使相机的自动对焦系统在工作时，"明白"应该使用多少对焦点或什么位置的对焦点进行对焦。

索尼 α7C II 微单相机提供了广域自动对焦、区自动对焦、中间固定自动对焦、点自动对焦、扩展点自动对焦和跟踪自动对焦 6 种自动对焦区域模式，摄影师需要选择不同的自动对焦区域模式，以满足不同拍摄题材的需求。

广域自动对焦区域模式

选择此对焦区域模式后，在执行对焦操作时将由相机利用自身的智能判断系统，决定当前拍摄的场景中哪个区域应该最清晰，从而利用相机可用的对焦点针对这一区域进行对焦。

对焦时，画面中清晰的部分会出现一个或多个绿色的对焦框，表示相机已针对此区域完成对焦。

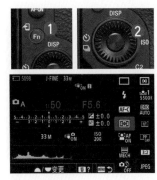

▲ 操作方法

在拍摄待机屏幕显示的状态下，按 Fn 按钮，然后按◀、▶、▲、▼方向键选择对焦区域选项，转动前转盘选择对焦区域模式。当选择了点、扩展点、跟踪模式时，转动后转盘 L 或后转盘 R 选择所需的对焦区域。或者按控制拨轮中央按钮，然后按▲或▼方向键选择所需的对焦区域模式选项

▲ 广域自动对焦区域模式适用大部分日常题材的拍摄『焦距：75mm；光圈：F14；快门速度：1s；感光度：ISO50』

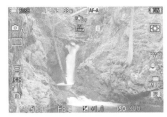

▲ 广域自动对焦区域示意图

区自动对焦区域模式

使用此对焦区域模式时，先在液晶显示屏上选择想要对焦的区域位置，对焦区域内包含多个对焦点，在拍摄时，相机将自动在所选对焦区范围内选择合焦的对焦框。此模式适合拍摄动作幅度不太大的题材。

▲ 区自动对焦区域示意图

▲ 对于拍摄摆姿人像而言，在变换姿势幅度不大的情况下，可以使用区自动对焦区域模式进行拍摄『焦距：85mm；光圈：F2.8；快门速度：1/1600s；感光度：ISO80』

中间固定自动对焦区域模式 []

使用此对焦区域模式时，相机始终使用位于屏幕中央区域的自动对焦点进行对焦。在拍摄时，画面的中央位置会出现一个对焦框，表示对焦点位置，进行拍摄时半按快门，对焦框变为绿色，表示完成对焦操作。此模式适合拍摄主体位于画面中央的题材。

▲ 中间固定自动对焦区域示意图

◀ 由于主体在画面中间，因此使用了中间固定自动对焦区域模式进行拍摄『焦距：100mm；光圈：F5；快门速度：1/400s；感光度：ISO100』

点自动对焦区域模式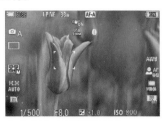

选择此对焦区域模式时，相机只使用一个对焦点进行对焦操作，而且摄影师可以自由确定此对焦点的位置。拍摄时使用控制拨轮的上、下、左、右方向键，可以将对焦框移动至被摄主体需要对焦的区域。此对焦区域模式适合拍摄需要精确对焦，或者对焦主体不在画面中央位置的题材。

▲ 点自动对焦区域示意图

◀ 使用点自动对焦区域模式对花瓣进行对焦，得到了花朵清晰、背景虚化的效果『焦距：200mm；光圈：F4；快门速度：1/320s；感光度：ISO100』

扩展点自动对焦区域模式

选择此对焦区域模式时，摄影师可以使用控制拨轮的上、下、左、右方向键选择一个对焦点，与点自动对焦区域模式不同的是，摄影师所选的对焦点周围还分布了一圈辅助对焦点，若拍摄对象暂时偏离所选的对焦点，相机会自动使用周围的对焦点进行对焦。此对焦区域模式适合拍摄可预测运动趋势的对象。

▲ 扩展点自动对焦区域示意图

▲ 事先设定好对焦点的位置，当模特慢慢走到对焦点位置时，立即对焦并拍摄『焦距：50mm；光圈：F2.8；快门速度：1/1250s；感光度：ISO100』

高手点拨：当将"触摸操作"设为"开"时，可以通过触摸显示屏操作拖动并迅速移动显示屏上的对焦框。

跟踪自动对焦区域模式 ▦▪ ▦▪ ▣▪ ▦ℳ▪ ▦▪

在 AF-C 连续自动对焦模式下，拍摄随时可能移动的动态主体（如宠物、儿童、运动员等）时，可以使用此模式，锁定跟踪被摄对象，从而保持在半按快门按钮期间，相机持续对焦被摄对象。

需要注意的是，此自动对焦区域模式分为 5 种模式，即广域模式、区模式、中间固定模式、点模式及扩展点模式。例如选择广域模式，将由相机自动设定开始跟踪区域；选择中间固定模式，则从画面中间开始跟踪；选择区模式、点模式或扩展点模式，则可以使用方向键选择需要的开始跟踪区域。

▲ 跟踪：扩展点模式示意图

▲ 利用跟踪模式，拍摄到了清晰的小孩跳跃照片『焦距：100mm；光圈：F5.6；快门速度：1/1250s；感光度：ISO200』

隐藏不需要的对焦区域模式

虽然索尼 α7C Ⅱ微单相机提供了多种自动对焦区域模式，但是每个人的拍摄习惯和拍摄题材不同，这些模式并非都是常用的，甚至有些模式几乎不会用到，因此可以在"对焦区域限制"菜单中自定义选择所需的自动对焦区域选择模式，以简化拍摄时的操作。

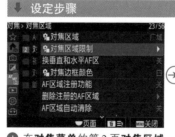

❶ 在**对焦菜单**的第 2 页**对焦区域**中，点击选择**对焦区域限制**选项

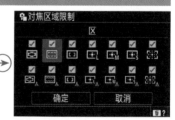

❷ 点击选择要去除的模式选项，并取消勾选标志，完成后点击选择**确定**选项

设置对焦辅助菜单功能

弱光下使用 AF 辅助照明

在弱光环境下，相机的自动对焦功能会受到很大的影响，此时可以开启"AF 辅助照明"功能，使相机的 AF 辅助照明灯发出红色的光线，照亮被摄对象，以辅助相机进行自动对焦。

● 自动：选择此选项，当拍摄环境光线较暗时，自动对焦辅助照明灯将发射自动对焦辅助光。

● 关：选择此选项，自动对焦辅助照明灯将不会发射自动对焦辅助光。

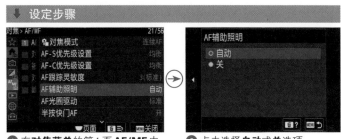

❶ 在**对焦菜单**的第 1 页 **AF/MF** 中，点击选择 **AF 辅助照明**选项

❷ 点击选择**自动**或**关**选项

设置"音频信号"确认合焦

在拍摄比较细小的物体时，是否正确合焦不容易从屏幕上分辨出来，这时可以开启"音频信号"功能，以便在确认相机合焦时发出提示音，从而在成功合焦后迅速按下快门得到清晰的画面。此外，开启"音频信号"功能后，还会在自拍时发出自拍倒计时提示。

● 开：选择此选项开启提示音，在合焦和自拍时，相机会发出提示音。

● 关：选择此选项，在合焦或自拍时，相机不会发出提示音。

❶ 在**设置菜单**的第 10 页**声音选项**中，点击选择**音频信号（拍摄）**选项

❷ 点击选择**开**或**关**选项

🔘 **高手点拨**：如果可以，在拍摄比较细小的物体时，最好使用手动对焦模式，通过在液晶显示屏上放大被摄对象来确保准确合焦。

▶ 拍摄微距题材的照片时，开启"音频信号"功能可以帮助摄影师了解是否已准确对焦

AF-S 模式下优先释放快门或对焦

在索尼 α7C Ⅱ微单相机中，为 AF-S 单次自动对焦模式提供了优先释放对焦或快门设置选项，以满足用户多样化的拍摄需求。

例如，在弱光拍摄环境或不易对焦的情况下，使用单次自动对焦模式拍摄时，也可能会出现无法迅速对焦而导致错失拍摄时机的情况，此时就可以在此菜单中进行设置。

●AF：选择此选项，相机将优先进行对焦，直至对焦完成后才会释放快门，因而可以清晰、准确地捕捉到瞬间影像。此选项的缺点是，可能会由于对焦时间过长而错失精彩瞬间。

●快门释放优先：选择此选项，将在拍摄时优先释放快门，以保证抓取到瞬间影像，但可能会出现尚未精确对焦即释放快门，而导致照片脱焦变虚的问题。

●均衡：选择此选项，相机将采用对焦与释放均衡的拍摄策略，尽可能地保证拍摄到既清晰又及时的精彩瞬间影像。

❶ 在**对焦菜单**的第 1 页 **AF/MF** 中，点击选择 **AF-S 优先级设置**选项

❷ 点击选择所需选项

AF-C 模式下优先释放快门或对焦

在使用 AF-C 连续对焦模式拍摄动态对象时，为了保证拍摄的成功率，往往会将此模式与连拍模式组合使用，此时就可以根据个人习惯来决定在拍摄照片时，是优先进行对焦，还是优先释放快门。

●AF：选择此选项，相机将优先进行对焦，直至对焦完成后才会释放快门，因而可以清晰、准确地捕捉到瞬间影像。适用于对清晰度有要求的题材。

●快门释放优先：选择此选项，相机将优先释放快门，适用于无论如何都想要抓住瞬间拍摄机会的情况。但可能会出现尚未精确对焦即释放快门，从而导致照片脱焦的问题。

●均衡：选择此选项，相机将采用对焦与释放均衡的拍摄策略，尽可能地保证拍摄到既清晰又及时的精彩瞬间影像。

❶ 在**对焦菜单**的第 1 页 **AF/MF** 中，点击选择 **AF-C 优先级设置**选项

❷ 点击选择所需选项

在不同的拍摄方向上自动切换对焦点

在切换不同方向拍摄时，常常遇到的一个问题是需要使用不同的自动对焦点。在实际拍摄时，如果每次切换拍摄方向时都重新选择对焦框或对焦区域，非常麻烦，利用"换垂直和水平AF区"功能，可以实现在不同的拍摄方向拍摄时相机自动切换对焦框或对焦区域的目的。

● 关：选择此选项，无论如何在横拍与竖拍之间进行切换，对焦框或对焦区域的位置都不会发生变化。

● 仅AF点：选择此选项，相机可记住水平、垂直方向最后一次使用对焦框的位置。如果拍摄时改变相机的取景方向，相机会自动切换到相应方向记住的对焦框位置。但在此选项设置下，"对焦区域"是固定的。

● AF点+AF区域：选择此选项，相机可记住水平、垂直方向最后一次使用对焦框或对焦区域的位置。如果拍摄时改变相机的取景方向，相机会自动切换到相应方向记住的对焦框或对焦区域位置。

● 在**对焦菜单**的第2页**对焦区域**中，点击选择**换垂直和水平AF区**选项

❷ 点击选择所需选项

◀当选择"AF点+AF区域"选项时，每次水平握持相机时，相机会自动切换到上次在此方向握持相机拍摄时使用的对焦框（或对焦区域）

◀当选择"AF点+AF区域"选项时，每次垂直方向（相机快门侧朝上）握持相机时，相机会自动切换到上次在此方向握持相机拍摄时使用的对焦框(或对焦区域)

▶当选择"AF点+AF区域"选项时，每次垂直方向（相机快门侧朝下）握持相机时，相机会自动切换到上次在此方向握+持相机拍摄时使用的对焦框（或对焦区域）

注册自动对焦区域以便一键切换对焦点

在索尼 α7C Ⅱ微单相机中可以利用"AF 区域注册功能"菜单先注册好使用频率较高的自动对焦点，然后利用"自定键/转盘设置"菜单将某一个按钮的功能注册为"保持期间注册 AF 区域"，以便在以后的拍摄过程中，如果遇到了需要使用此自动对焦点才可以准确对焦的情况，通过按下自定义按钮，可以马上切换到已注册好的自动对焦点，从而使拍摄操作更加流畅、快捷。

⬇ 设定步骤

❶ 在**对焦菜单**的第 2 页**对焦区域**中，点击选择 **AF 区域注册功能**选项

❷ 点击选择**开**选项

❸ 回到显示屏拍摄界面，按下**中央按钮**开启对焦点开关，使用方向键选择所需的对焦框位置

❹ 长按 Fn 按钮注册所选的对焦框

❺ 在**设置菜单**的第 3 页**操作自定义**中，点击选择🔘**自定键/转盘设置**选项

❻ 点击选择要注册的按钮选项（此处以自定义 **C1** 按钮为例）

❼ 点击选择**对焦菜单**的第 2 页**对焦区域**列表，点击选择**切换注册的 AF 区域**选项

❽ 在拍摄时要使用此功能，只需要按第❻步中被分配好功能的按钮，如在此处被分配的是 **C1** 按钮

❾ 此时第❸步中定义的对焦点就会被激活，成为当前使用的对焦点

📷 **高手点拨**：选择"保持期间注册AF区域"选项，在拍摄时需要按住注册该功能的按钮不放才能切换已注册的对焦框，然后再按快门按钮拍摄；选择"切换注册的AF区域"选项，按下注册该功能的按钮，即可切换到已注册的对焦框。如果在"自定键/转盘设置"菜单中选择了"注册的AF区域+AF开启"选项，那么按下注册该功能的按钮时会用所注册的对焦框进行自动对焦。

人脸/眼部对焦优先设定

眼睛是心灵的窗户，在拍摄人像时，通常会对人眼进行对焦，从而让人物显得更有神采。但如果选择点对焦区域模式，并将该对焦点调整到人物眼部进行拍摄时，操作速度往往会比较慢。如果人物再稍有移动，可能还会出现对焦不准的情况。而使用索尼 α7C Ⅱ 微单相机的人脸/眼部对焦优先功能，可以快速、准确地对焦到人物脸部或者眼睛进行拍摄。

在索尼 α7C Ⅱ 微单相机中，该功能不但支持人眼对焦，还支持动物眼睛对焦，对于野生动物或者宠物题材的拍摄也非常有帮助。

AF 中的被摄体识别

为了让相机更准确地识别被拍摄的人、车、动物、飞机等对象，需要先开启"AF 中的被摄体识别"菜单功能。

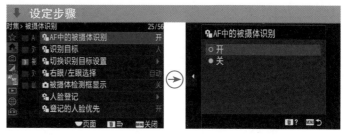

❶ 在**对焦菜单**的第 3 页**被摄体识别**中，点击选择 **AF 中的被摄体识别**选项

❷ 点击选择**开**或**关**选项

检测拍摄主体种类

当被拍摄的场景中存在多个可识别的对象时，要使用"识别目标"菜单确定优先对焦的对象。

❶ 在**对焦菜单**的第 3 页**被摄体识别**中，点击选择**识别目标**选项

❷ 点击选择**人**、**动物**或**鸟类**选项

❸ 如果在第❷步选择动物，则可以在此界面设置详细的对焦参数

❹ 如果在第❸步选择**切换识别部分设置**，则可以在"**识别部分切换**"被分配给自定义键时，用自定义键切换已识别部分

选择对焦到左眼或右眼

当拍摄主体检测被设置为"人"时，通过此菜单选择要检测的眼睛。选择"自动"选项，由相机自动选择眼睛进行对焦；选择"右眼"选项，相机将只检测被摄体的右眼（从拍摄者看来左侧的眼睛）进行对焦；选择"左眼"选项，只检测被摄体的左眼（从拍摄者看来右侧的眼睛）进行对焦。当拍摄主体检测被设置为"动物"时，无法使用"右眼/左眼选择"选项。

 高手点拨：为了在使用该功能时能够更有效地对焦到人眼并进行拍摄，应该避免出现以下情况：①被摄人物佩戴墨镜；②刘海儿遮挡住了部分或全部眼睛；③人物处于弱光或者背光环境下；④人物没有睁开眼睛；⑤人物移动幅度较大；⑥人物处于阴影中。

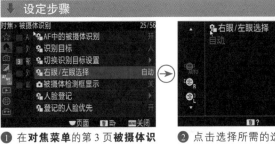

❶ 在**对焦菜单**的第 3 页**被摄体识别**中，点击选择**右眼/左眼选择**选项

❷ 点击选择所需的选项，然后点击 ■OK 图标确定

设置对焦时显示人脸或眼睛检测框

"被摄体检测框显示"菜单用于设置在检测到人的脸部或眼睛时，是否显示人脸检测框或眼部检测框。建议开启此功能，以便拍摄者了解对焦识别情况。

❶ 在**对焦菜单**的第 3 页**被摄体识别**中，点击选择**被摄体检测框显示**选项

❷ 点击选择**开**或**关**选项

▲ 人脸检测框示意图

▲ 眼睛检测框示意图

利用手动对焦实现准确对焦

　　索尼 α7C Ⅱ微单相机提供了两种手动对焦模式，一种是"MF 手动对焦"，另一种是"DMF 直接手动对焦"。虽然同属于手动对焦模式，但这两种对焦模式却有较大区别，下面分别进行介绍。

MF 手动对焦

　　遇到下面几种情况，相机的自动对焦系统往往无法准确对焦，此时就要采用 MF 手动对焦模式。使用此模式拍摄时，摄影师可以通过转动镜头上的对焦环进行对焦。

- 画面主体处于杂乱的环境中，如拍摄杂草后面的花朵。
- 画面属于高对比、低反差的画面，如拍摄日出、日落等。
- 弱光摄影，如拍摄夜景、星空等。
- 拍摄距离太近的题材，如拍摄昆虫、花卉等。
- 主体被覆盖，如拍摄动物园笼子中的动物、鸟笼中的鸟等。
- 对比度很低的景物，如拍摄纯色的蓝天、墙壁等。
- 距离较近且相似程度又很高的题材，如照片翻拍等。

DMF 直接手动对焦

　　DMF 直接手动对焦模式是自动对焦与手动对焦相结合的一种对焦模式。在这种模式下，有两种组合方式，一种是先由相机自动对焦，再由摄影师手动对焦。即拍摄时需要先半按快门按钮，由相机自动对焦，在保持半按快门状态的情况下，转动镜头控制环切换为手动对焦状态，然后在对焦区域进行微调，完成对焦后，直接按下快门按钮完成拍摄。

　　另一种是先由摄影师手动对焦，然后可以半按快门进行自动对焦调整。这种方法在拍摄时先对后方的被摄对象对焦，但自动对焦系统却对前面的物体合焦的场景时最有效。

　　此对焦模式适用于拍摄距离较近、体积较小或较难对焦的景物。另外，当需要精准对焦或担心自动对焦不够精准时，也可采用此对焦模式。

① 在**对焦菜单**的第 1 页 **AF/MF** 中，点击选择**对焦模式**选项

② 点击选择 **DMF** 或**手动对焦**选项

▲ 当设为 DMF 直接手动对焦或MF 手动对焦模式时，转动对焦环调整对焦范围。不同镜头的对焦环与变焦环位置不一样，在使用时只需操作一下，即可分清

◀ 在拍摄这张小清新风格的照片时，使用了 DMF 直接手动对焦模式，先由相机自动对焦这一朵花，然后摄影师转动对焦环微调对焦，按下快门拍摄即可『焦距：100mm；光圈：F3.5；快门速度：1/200s；感光度：ISO100 』

设置手动对焦中自动放大对焦

手动对焦中自动放大对焦功能是在 DMF 直接手动模式或手动对焦模式下，相机将在取景器或液晶显示屏中放大照片，以方便摄影师进行对焦操作。

当此功能被设置为"开"后，使用手动对焦功能时，只要转动控制环调节对焦，电子取景器或液晶显示屏中显示的图像就会被自动放大，如果需要，按控制拨轮上的中央按钮可以继续放大图像。观看放大显示的图像时，可以使用控制拨轮上的▲、▼、◀、▶方向键移动图像。

① 在**对焦菜单**的第 4 页**对焦辅助**中，点击选择 **MF 中自动放大对焦**选项

② 点击选择**开**或**关**选项

▲ 在拍摄美食时，对焦的程度决定着美食的诱人程度，因此，使用手动对焦很有必要，而开启"MF 中自动放大对焦"功能则可以将画面自动放大，使手动对焦更方便『焦距：50mm；光圈：F5.6；快门速度：1/160s；感光度：ISO100 』

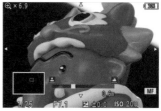

③ 选择"开"选项时，转动镜头上的控制环，照片自动被放大，按控制拨轮上的▲、▼、◀、▶方向键可详细检查对焦点位置是否清晰

▲ 在拍摄花卉特写时可以开启"MF 中自动放大对焦"功能，将花卉的纹理拍得更加清晰『焦距：90mm；光圈：F5.6；快门速度：1/640s；感光度：ISO200 』

使用峰值判断对焦状态

了解峰值的作用

峰值是一种独特的用于辅助对焦的显示功能，开启此功能后，在使用手动对焦模式进行拍摄时，如果被摄对象对焦清晰，则其边缘会出现标示色彩（通过"峰值色彩"进行设定）的轮廓，以方便拍摄者辨识。

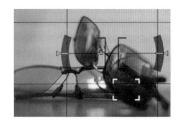

◀ 开启峰值功能后，相机会用指定的颜色将准确合焦的主体边缘轮廓标示出来，左图所示为选择"蓝色"峰值色彩的显示效果

设置峰值的强弱水准

在"峰值水平"选项中可以设置峰值显示的强弱程度，包含"高""中""低"3个选项，分别代表不同的强度，等级越高，颜色标示越明显。

设置峰值色彩

通过"峰值色彩"选项可以设置在开启"峰值水平"功能时，被摄对象边缘显示标示峰值的色彩，白色为默认设置。选择时以明显区别于被拍摄对象主要合焦部位的颜色为准则。

 高手点拨：在拍摄时，需要根据被摄对象的颜色，选择与主体反差较大的峰值色彩。例如，拍摄高调对象时，由于大面积为亮色调，所以不适合选择"白"选项，而应该选择与被摄对象的颜色反差较大的红色。

设定步骤

❶ 在**对焦菜单**的第5页**峰值显示**中，点击选择**峰值显示**选项

❷ 点击选择**开**或**关**选项

❸ 在**对焦菜单**的第5页**峰值显示**中，点击选择**峰值水平**选项

❹ 点击选择**高**、**中**或**低**选项

❺ 在**对焦菜单**的第5页**峰值显示**中，点击选择**峰值色彩**选项

❻ 点击选择所需的颜色选项

设置不同拍摄模式以适合不同的拍摄对象

　　针对不同的拍摄需求，需要将快门设置为不同的驱动模式。例如，要抓拍高速移动的物体时，为了保证成功率，可以通过设置使相机在按下一次快门后，连续拍摄多张照片。

　　索尼 α7C Ⅱ微单相机提供了单张拍摄□、连拍■、自拍定时（单张）Ｏ、自拍定时（连拍）ＯC、连续阶段曝光 BRK C、单拍阶段曝光 BRK S、对焦包围 █、白平衡阶段曝光 BRK WB、DRO 阶段曝光 BRK DRO 9 种拍摄模式，下面分别讲解它们的使用方法。

单张拍摄模式

　　在此模式下，每次按下快门都只拍摄一张照片。此模式适用于拍摄静态对象，如风光、建筑、静物等题材。

连拍模式

　　在连拍模式下，每次按下快门，直至释放快门为止，将连续拍摄多张照片。连拍模式在运动人像、动物、新闻、体育等摄影中的运用较为广泛，以便记录精彩瞬间。在拍摄完成后，可以从其中选择效果最佳的一张或多张，或者通过连拍获得一系列生动有趣的照片。

　　索尼 α7C Ⅱ微单相机的连拍模式可以选择 Hi+（最高速）、Hi（高速）、Mid（中速）及 Lo（低速）4 种连拍速度，其中，在 Hi+ 模式下，每秒最多可以拍摄 10 张。需要注意的是，在弱光环境、高速连拍情况下或当相机剩余电量较少时，连拍的速度可能会变慢。

▲ 使用连拍模式抓拍女孩跳起的一系列动作

自拍定时（单张）模式

在自拍定时模式下，可以选择"10秒定时""5秒定时""2秒定时"3个选项，即在按下快门按钮后，分别于10秒、5秒或2秒后进行自动拍摄。按下快门按钮后，自拍定时指示灯闪烁且发出提示声音，直到相机自动拍摄。

需要注意的是，所谓的自拍模式并非只能给自己拍照，也可以拍摄其他题材。例如，在需要使用较低的快门速度拍摄时，使用三脚架使相机保持稳定，并进行变焦、构图、对焦等操作，然后通过设置自拍模式的方式来避免手按快门产生抖动，从而拍出令人满意的照片。

▲ 2秒定时自拍适用于弱光摄影，这是由于在弱光下即使用三脚架保持了相机稳定，也会因为手按快门导致相机轻微抖动而影响画面质量『焦距：20mm；光圈：F2.8；快门速度：25s；感光度：ISO50』

自拍定时（连拍）模式

在自拍定时（连拍）模式下，可以选择"10秒3张影像""10秒5张影像""5秒3张影像""5秒5张影像""2秒3张影像""2秒5张影像"6个选项。若选择了"10秒3张影像"选项，即可在10秒后连续拍摄3张照片。

此模式可用于拍摄对象运动幅度较小的动态照片，如摄影者自己的跳跃、运动等照片；或者拍摄既需要连拍又要避免手触快门抖动而导致画面模糊的题材时，也可以使用此模式。

此外，在拍摄团体照时，使用此模式可以一次性连拍多张照片，大大提高了拍摄的成功率，避免团体照中出现有人闭眼、扭头等情况。

▲ 设置定时连拍模式后，即可摆好姿势，等待相机连续拍摄3张或5张照片，拍摄完后即可从中挑选一张满意的照片『焦距：35mm；光圈：F5.6；快门速度：1/320s；感光度：ISO100』

单拍阶段曝光 / 连续阶段曝光模式

有时无论摄影师使用的是多重测光还是点测光，都不能实现准确或正确曝光，任何一种测光方法都会给曝光带来一定程度的遗憾。

解决上述问题的最佳方案是使用连续阶段曝光或单拍阶段曝光模式，在这两种拍摄模式下，相机会连续拍摄出 3 张、5 张或 9 张曝光量略有差异的照片，以实现多拍优选的目的。

在实际拍摄过程中，摄影师无须调整曝光量，相机将根据设置自动在第 1 张照片的基础上增加、减少一定的曝光量，拍摄出另外 2 张、4 张或 9 张照片。按此方法拍摄出来的 3 张、5 张或 9 张照片中，总会有一张是曝光相对准确的照片，因此能够提高拍摄的成功率。

▲ 操作方法

按控制拨轮上的拍摄模式按钮⏱/▣，然后按▼或▲方向键选择连续阶段曝光 BRKc 或单拍阶段曝光 BRKs 模式，再按◄或▶方向键选择所需的级数和张数

🔘 高手占拨：阶段曝光在佳能、尼康相机中被称为包围曝光。

◄ 在不确定要增加曝光还是减少曝光的情况下，可以设置 0.3EV 3 张的阶段曝光，连续拍摄得到 3 张曝光量分别为 +0.3EV、−0.3EV、0EV 的照片，其中 −0.3EV 的效果明显更好一些，在细节和曝光方面获得了较好的平衡

白平衡阶段曝光模式

如果选择了白平衡段阶曝光，可以在当前所选的白平衡模式、色温或白平衡色彩偏移的色调基础上，拍摄出三张不同色调的照片，可以选择"Lo"或"Hi"两种级别，选择"Lo"级别，拍摄色调略微变化的三张照片，选择"Hi"级别，拍摄色调明显变化的三张照片。

DRO 阶段曝光模式

如果在拍摄环境光比较大的画面时，可以使用 DRO 阶段曝光模式，在此模式下，相机会对画面的暗部及亮部进行分析，以最佳亮度和层次表现画面，且阶段式地改变动态范围优化的数值，然后拍摄出 3 张不同等级的照片。

对焦包围（景深合成）模式

对焦包围功能（Focus Bracketing）是一种在连续拍摄多张照片时，自动对焦点会在每张照片上轻微移动的功能。这种功能在拍摄微距、静物或者需要高度精确对焦的场景时特别有用，可以从多张影像中选择最佳对焦照片。并且此功能可用于拍摄合焦于所有点（焦点合成）的景深合成影像，提高拍摄效率。

▲ 操作方法

按拍摄模式按钮⟳/🔳，然后按▼或▲方向键选择对焦包围模式 🔲，再按◀或▶方向键选择所需的级数和张数

⬇ 设定步骤

 ➡  ➡

❶ 在取景器拍摄界面按下◀按钮，点击选择**对焦包围**拍摄模式

❷ 点击选择**增量**和**拍摄张数**选项，然后点击右侧的▲或▼图标设定数值

❸ 点击选择**对焦包围顺序**中的 0 → + 或 0 → – → + 选项

● 增量：在 1~10 的范围内选择偏移对焦的程度。数值越高，对焦偏移越多。

● 拍摄张数：设定每次释放快门所拍摄的张数，每个位置的设定范围为 2~299。

● 0 → +：将对焦从当前对焦位置朝着无穷远转移。当对焦达到无穷远时，即使尚未达到已设定的拍摄张数，拍摄也会结束。

● 0 → – → +：按照当前对焦位置、前对焦和后对焦的顺序拍摄三张影像。此时，在第❷步中设定的拍摄张数变为无效。

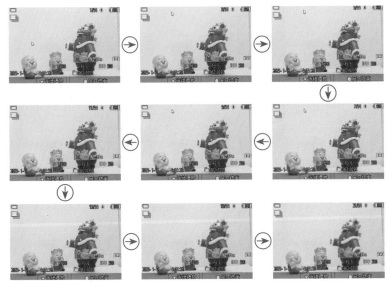

◀设定"拍摄张数"为 54，选择"0 → +"的对焦包围顺序后按下快门，等待相机完成拍摄

在第一张照片上，焦点位置位于右侧玩偶处，处于前景区域的左、右两侧玩偶均位于焦内。

随后照片焦点发生变化，左、右两侧玩偶逐渐模糊，最终在第 11 张照片时，焦点移动到中间玩偶位置处。

最后焦点持续移动，到第 21 张照片时，对焦位置开始朝着无穷远转移

设置测光模式以获得准确曝光

要想准确曝光，前提是做到准确测光，根据微单相机内置测光表提供的曝光数值进行拍摄，一般都可以获得准确曝光。但有时也不尽然，例如，在环境光线较为复杂的情况下，数码相机的测光系统不一定能够准确识别光线，若此时仍采用数码相机提供的曝光组合拍摄，就会出现曝光失误。这种情况下，应该根据要表达的主题和渲染的气氛进行适当调整，即按照"拍摄→检查→设置→重新拍摄"的流程进行不断尝试，直至拍出满意的照片为止。

在使用除手动及 B 门以外的所有曝光模式拍摄时，都需要依据相应的测光模式确定曝光组合。例如，在光圈优先模式下，指定了光圈及 ISO 感光度数值后，可根据不同的测光模式确定快门速度值，以满足准确曝光的需求。因此，选择一个合适的测光模式，是获得准确曝光的重要前提。

多重测光模式 ⊞

多重测光是最常用的测光模式，在该模式下，相机会将画面分为多个区域，针对各个区域测光，然后将得到的测光数据进行加权平均，从而得到适用于整个画面的曝光参数，此模式最适合拍摄光比不大的日常及风光照片。

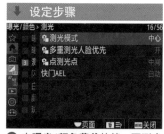

❶ 在**曝光/颜色菜单**的第 3 页**测光**中，点击选择**测光模式**选项

❷ 点击选择所需要的测光模式，然后点击 ●OK 图标确定

当画面中没有明显的主体或主体与背景的反差较小时应选择多重测光模式，这也是风光摄影中常用的测光模式『焦距：17mm；光圈：F10；快门速度：1/800s；感光度：ISO100』

中心测光模式 ◉

在中心测光模式下，测光会偏向画面的中央部位，但也会同时兼顾其他部分的亮度。

例如，当索尼 α7C Ⅱ 微单相机在测光后显示，画面中央位置的对象正确曝光组合是 F8、1/320s，而其他区域正确曝光组合是 F4、1/200s 时，由于中央位置对象的测光权重较大，相机最终确定的曝光组合可能会是 F5.6、1/320s，以优先照顾中央位置对象的曝光。

由于测光时能够兼顾其他区域的亮度，因此该模式既能实现画面中央区域的精准曝光，又能保留部分背景细节。这种测光模式适合拍摄主体位于画面中央位置的题材，如人像、建筑物等。

▲ 人像摄影中经常使用中心测光模式，以便能够更好地对主体进行测光『焦距：50mm；光圈：F2.8；快门速度：1/250s；感光度：ISO100』

整个屏幕平均测光模式 ▬

在整个屏幕平均测光模式下，相机将测量整个画面的平均亮度，与多重测光模式相比，此模式的优点是能够在进行二次构图或被摄对象的位置发生变化时，依旧保持画面整体的曝光不变。即使是在光线较为复杂的环境中拍摄，使用此模式也能够使照片的曝光更加协调。

▲ 使用整个屏幕平均测光模式拍摄风光时，在小幅度改变构图的情况下，曝光可以保持在一个稳定的状态『焦距：70mm；光圈：F4；快门速度：1/125s；感光度：ISO100』

强光测光模式

　　在强光测光模式下，相机将针对亮部重点测光，优先保证被摄对象的亮部曝光是正确的。在拍摄舞台上聚光灯下的演员、直射光线下浅色的对象时，使用此模式能够获得很好的曝光效果。

　　需要注意的是，如果画面中的拍摄主体不是最亮的区域，则被摄主体的曝光可能会偏暗。

▶ 在拍摄背景光源照片时，使用强光测光模式可以保证明亮的部分拥有丰富的细节『焦距：85mm；光圈：F3.5；快门速度：1/125s；感光度：ISO500』

点测光模式

　　点测光是一种高级测光模式，相机只对画面中央区域的很小一部分进行测光，具有相当高的准确性。当主体和背景的亮度差异较大时，最适合使用点测光模式进行拍摄。

　　由于点测光的测光面积非常小，在实际使用时，一定要准确地将测光点（中央对焦点或所选择的对焦点）对准到要测光的对象上。这种测光模式是拍摄剪影照片的最佳测光模式。

　　此外，拍摄人像时也常采用这种测光模式，将测光点对准人物的面部或其他皮肤位置，即可使人物的皮肤获得准确曝光。

▲ 利用点测光模式，对场景中较亮的区域进行测光，将马拍摄成剪影效果，凸显出它们的轮廓造型『焦距：400mm；光圈：F8；快门速度：1/1250s；感光度：ISO100』

设置点测光模式的测光区域大小

使用点测光模式时，摄影师可以设置测光点的区域大小。选择"大"选项时，测光时所测量区域的范围更为宽广一些；选择"标准"选项时，测量区域的范围更窄，所测得的曝光数值也更为精确。

测光区域的位置会根据"点测光点"的设置而不同，若是设为"中间"选项，则在中央区域周围；若是设为"对焦点联动"选项，则在所选对焦点的周围。

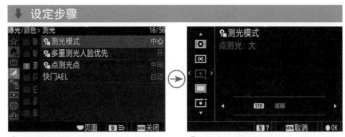

❶ 在**曝光/颜色菜单**的第 3 页测光中，点击选择**测光模式**选项

❷ 点击选择**点测光**选项，在右侧选择**标准**或**大**选项，然后点击 图标确定

设置点测联动功能

在点测光模式下，如果将对焦区域模式设置为"点"或"扩展点"模式时，通过此菜单可以设置测光区域是否与对焦点联动。

高手点拨：当使用"点"或"扩展点"以外的对焦区域模式时，测光区域固定为画面中央。当使用"锁定点"或"锁定扩展点"对焦区域模式时，如果选择了"对焦点联动"选项，则测光区域与锁定AF的对焦点联动，而不会与被摄对象的跟踪对焦点联动。

❶ 在**曝光/颜色菜单**的第 3 页测光中，点击选择**点测光点**选项

❷ 点击选择**中间**或**对焦点联动**选项

● 中间：选择此选项，只对画面的中央区域进行测光来获得曝光参数，而不会对对焦点所在的区域进行测光。

● 对焦点联动：选择此选项，那么所选择的对焦点即为测光点，将测量其所在的区域的曝光参数。此选项在拍摄测光点与对焦点处于相同位置的画面时比较方便，可以省去曝光锁定操作。

使用多重测光时优先曝光面部

使用多重测光模式拍摄人像题材时，可以通过"多重测光人脸优先"菜单，设置是否启用脸部优先功能。

如果选择了"开"选项，在拍摄时，相机则会优先对画面中的人物面部进行测光，然后再以所测的数据为依据，平衡画面的整体测光情况。

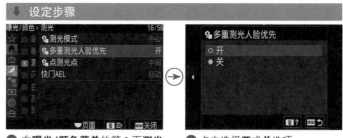

❶ 在**曝光/颜色菜单**的第 3 页**测光**中，点击选择**多重测光人脸优先**选项

❷ 点击选择**开**或**关**选项

 高手点拨：使用此功能时要确保"AF中的被摄体识别"是开启状态，且"识别目标"选项选择的是"人"，否则此菜单功能不起作用。

▶ 使用多重测光模式拍摄环境人像时，开启"多重测光人脸优先"功能，能够优化人脸的曝光效果『焦距：85mm；光圈：F2.8；快门速度：1/40s；感光度：ISO200』

第 4 章

掌握高级曝光理论及手机遥控相机操作方法

程序自动照相模式（P）

使用程序自动照相模式（P）拍摄时，光圈大小和快门速度由相机自动控制，相机会自动给出不同的曝光组合，此时转动前转盘或后转盘L可以在相机给出的曝光组合中进行选择。除此之外，白平衡、ISO感光度、曝光补偿等参数也可以人为地进行调整。

通过对这些参数进行不同的设置，拍摄者可以得到不同效果的照片，而且无须考虑光圈和快门速度的数值就能获得较为准确的曝光。程序自动照相模式常用于拍摄新闻、纪实等需要抓拍的题材。

在该模式下，半按快门按钮，然后转动前/后转盘可以选择不同的快门速度与光圈组合，虽然光圈与快门速度的数值发生了变化，但这些快门速度与光圈组合都可以得到同样的曝光量。

Q：什么是等效曝光？

A：下面通过一个拍摄案例来说明这个概念。例如，摄影师在使用程序自动照相模式（P）拍摄一张人像照片时，相机给出的快门速度为1/60s、光圈为F8，但摄影师希望采用更大的光圈，以便提高快门速度。此时就可以向右转动前转盘/后转盘L，将光圈增加至F4，将光圈调大两挡，而在该模式下使快门速度也提高了两挡，从而达到1/250s。1/60s、F8与1/250s、F4这两组快门速度与光圈的组合虽然不同，但可以得到完全相同的曝光结果，这就是等效曝光。

创意拍摄区

以下这些照相模式可以让摄影师更好地控制拍摄效果：

M：手动照相模式

S：快门优先照相模式

A：光圈优先照相模式

P：程序自动照相模式

▲ 4种高级照相模式

▲ 操作方法

在选择照相模式之前，需要先拨动静止影像/动态影像/S&Q旋钮对齐 图标，切换为静止影像模式

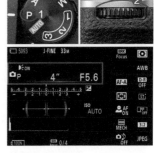

▲ 操作方法

转动模式旋钮，使P图标对齐左侧的白色标志处，即为程序自动照相模式。在P模式下，曝光测光开启时，转动前转盘/后转盘L可选择快门速度和光圈的不同组合

抓拍街头走过的路人时，使用程序自动照相模式进行拍摄很方便 焦距：150mm；光圈：F5.6；快门速度：1/250s；感光度：ISO400

快门优先照相模式（S）

在快门优先照相模式下，摄影师可以转动前转盘或后转盘 L 在 1/8000～30s（机械快门为 1/4000～30s）的范围内选择所需的快门速度，然后相机会自动计算光圈的大小，以获得正确的曝光。

在拍摄时，快门速度需要根据被摄对象的运动速度及照片的表现形式（即凝固瞬间是清晰还是带有动感的模糊）来确定。要定格运动对象的瞬间，应该使用高速快门；反之，如果希望使运动对象在画面中表现为动感的线条，应该使用低速快门。

▲ 操作方法

转动模式旋钮，使 S 图标对齐左侧的白色标志处，即为快门优先照相模式。在 S 模式下，可以转动前转盘/后转盘 L 调整快门速度值

▲ 使用较高的快门速度将拍打岩石的浪花定格『焦距：200mm；光圈：F10；快门速度：1/800s；感光度：ISO250』

▲ 使用较低的快门速度将水流拍出如丝绸般柔顺的效果『焦距：17mm；光圈：F16；快门速度：5s；感光度：ISO100』

光圈优先照相模式（A）

　　使用光圈优先照相模式（A）拍摄时，摄影师可以转动前转盘或后转盘 L，在镜头的最小光圈与最大光圈之间选择所需的光圈，相机会根据当前设置的光圈大小自动计算出合适的快门速度值。

　　光圈优先是摄影中使用最多的一种照相模式，使用该模式拍摄的最大优势是可以控制画面的景深，为了获得更准确的曝光结果，经常和曝光补偿配合使用。

　　高手点拨：使用光圈优先照相模式（A）拍摄时，应注意以下两个方面：①当光圈过大而导致快门速度超出了相机极限时，如果仍然希望保持该光圈的大小，可以尝试降低ISO感光度数值，以保证曝光准确；②为了得到大景深而使用小光圈时，应该注意快门速度不能低于安全快门速度。

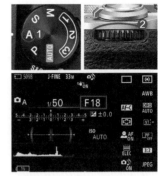

▲ 操作方法

　　转动模式旋钮，使A图标对齐左侧的白色标志处，即为光圈优先照相模式，在A模式下，转动前转盘/后转盘 L 可调整光圈值

◀ 使用大光圈将背景虚化，突出人物『焦距：85mm；光圈：F2.8；快门速度：1/500s；感光度：ISO200』

手动照相模式（M）

　　在此模式下，相机的所有智能分析和计算功能将不工作，所有拍摄参数都需要摄影师手动设置。使用手动照相模式（M）拍摄有以下两个优点。

　　首先，使用该模式拍摄时，当摄影师设置好恰当的光圈、快门速度数值后，即使移动镜头进行再次构图，光圈与快门速度的数值也不会发生变化，这一点不像其他照相模式，在测光后需要进行曝光锁定，才可以进行再次构图。

　　其次，使用其他照相模式拍摄时，往往需要根据场景的亮度，在测光后进行曝光补偿；而在手动照相模式（M）下，由于光圈与快门速度的数值都由摄影师来设定，在设定时就可以将曝光补偿考虑在内，从而省略了曝光补偿的设置过程。因此，在手动照相模式下，摄影师可以按照自己的想法让影像曝光不足，以使照片显得较暗，给人以忧伤的感觉；或者让影像稍微过曝 +，从而拍摄出画面明快的照片。

▲ 操作方法

　　转动模式旋钮，使 M 图标对齐左侧的白色标志处，即为手动照相模式。在 M 模式下，转动后转盘 L 可以调整快门速度值，转动前转盘可以调整光圈值

▼ 在室内拍摄人像时，由于光线、背景不变，所以使用手动照相模式（M）并设置好曝光参数后，就可以把注意力集中到模特的动作和表情上，拍摄将变得更加轻松自如

『焦距：50mm；光圈：F7.1；快门速度：1/125s；感光度：ISO200』

『焦距：50mm；光圈：F5.6；快门速度：1/160s；感光度：ISO200』

在取景器信息显示界面中改变光圈或快门速度时，曝光量标志会左右移动，当曝光量标志位于标准曝光量标志位置时，能够获得相对准确的曝光。

如果当前曝光量标志靠近左侧的"-"号，表明如果使用当前曝光组合拍摄，照片会偏暗（欠曝）；反之，如果当前曝光量标志靠近右侧的"+"号，表明如果使用当前曝光组合拍摄，照片会偏亮（过曝）。

在其他拍摄状态参数界面中，会在屏幕下方以+、-数值的形式显示，如果显示 +2.0，表示采用当前曝光组合拍摄时，会过曝两挡；如果显示 -2.0，表示这样拍摄会欠曝两挡。

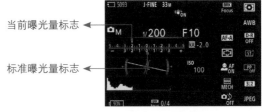

当前曝光量标志

标准曝光量标志

▲ 取景器信息显示界面

在拍摄状态参数界面中可查看此数值

▲ 拍摄状态参数界面

B 门模式

使用 B 门模式拍摄时，持续地完全按下快门按钮将使快门一直处于打开状态，直到松开快门按钮时快门才被关闭，从而完成整个曝光过程，因此曝光时间取决于快门按钮被按下与被释放的过程。

由于使用这种曝光模式拍摄时，可以实现长时间曝光，因此特别适合拍摄光绘、天体、焰火等需要长时间曝光并手动控制曝光时间的题材。

需要注意的是，使用 B 门模式拍摄时，为了避免长时间曝光而使相机抖动导致拍摄出来的照片模糊，应该使用脚架及遥控快门线辅助拍摄，若不具备这些条件，至少也要将相机放置在平稳的水平面上。

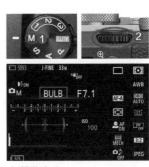

▲ 操作方法

在 M 手动照相模式的基础上，顺时针转动后转盘 L 直至快门速度显示为 BULB，即为 B 门模式，在 B 门模式下，转动前转盘可以调整光圈值

◀ 使用 B 门模式拍摄到了烟花绽放的画面『焦距：20mm；光圈：F10；快门速度：30s；感光度：ISO200』

调出拍摄设置模式

　　索尼 α7C Ⅱ微单相机提供了调出拍摄设置模式，在模式旋钮上显示为 1、2、3，摄影师可以注册照相模式、光圈值、快门速度值、ISO 感光度、拍摄模式、对焦模式、测光模式、创意风格等常用参数设置，对这些项目进行设置，从而保存一些拍摄某类题材常用的参数设置，然后在拍摄此类题材时，将模式旋钮调至相应的序号图标，即可快速调出之前使用的参数设置。

　　例如，若经常拍摄人像题材，可以设置曝光补偿、肖像创意风格、中心测光模式，将光圈设置为 F2.8、感光度设置为 ISO125，然后将这些参数保存为序号 1。

　　对于经常拍摄风光的摄影师而言，可以将光圈设置为常用的 F8，并设置常用的测光模式、创意风格、纵横比、感光度等参数，将这些参数保存为序号 2。

　　保存拍摄设定至调出存储模式的操作方法如下。

　❶ 将静止影像 / 动态影像 /S&Q 按钮设为 ●照相模式。

　❷ 将模式旋钮旋转至想要保存的照相模式图标，并根据需要调整常用的设定，如光圈、快门速度、ISO 感光度、曝光补偿、对焦模式、对焦区域模式、测光模式等功能的设定。

　❸ 按 MENU 按钮显示菜单。在拍摄菜单的第 4 页照相模式中，选择MR 拍摄设置存储选项，然后按控制拨轮中央按钮确定。

　❹ 点击选择 1、2、3 的保存序号，然后点击 OK 图标确定。

　　高手点拨：在存储菜单中选择保存序号时，如果选择了 M1 ~ M4 序号，那么将会保存设置到存储卡，拍摄时将模式旋钮旋转至 1、2或3，然后按◀或▶方向键选择想要调出的序号，即可调出该序号保存的参数设置。

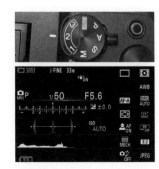

▲ 操作方法

　　转动模式旋钮，使 1、2 或 3 图标对齐左侧的白色标志处，即为调出拍摄设置模式

❶ 在拍摄菜单的第 4 页照相模式中，点击选择MR 拍摄设置存储选项

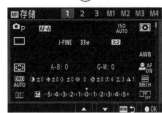

❷ 屏幕上会显示当前相机的设置，点击▲或▼图标查看参数设置。点击上面的数字选择要保存的序号，然后点击 OK 图标确认

◀ 调出存储模式使用起来非常方便，可以省去设置某些拍摄参数的步骤『焦距：35mm；光圈：F3.2；快门速度：1/160s；感光度：ISO200』

通过柱状图判断曝光是否准确

柱状图的作用

柱状图是相机曝光所获取的影像色彩或影调的信息，是一种能够反映照片曝光情况的图示。通过查看柱状图所呈现的形状，可以帮助拍摄者判断曝光情况，并以此做出相应的调整，以得到最佳曝光效果。另外，采用即时取景模式拍摄时，通过柱状图可以检测画面的成像效果，为拍摄者提供重要的曝光信息。

很多摄影师都会陷入这样一个误区，看到显示屏上的影像很棒，便以为真正的曝光结果也会不错，但事实并非如此。这是由于很多相机的显示屏处于出厂时的默认状态，显示屏的对比度和亮度都比较高，令摄影师误以为拍摄到的影像会很漂亮，倘若不看柱状图，往往会感觉画面的曝光正合适，但在计算机屏幕上观看时，却会发现在相机上查看时感觉还不错的画面，暗部层次却丢失了，即使使用后期处理软件挽回了部分细节，效果也不是很好。

因此，在拍摄时要随时查看照片的柱状图，这是唯一值得信赖的判断照片曝光是否正确的依据。

索尼 α7CⅡ微单相机在拍摄和播放时都可以显示柱状图。在"DISP（画面显示）设置"菜单中注册显示柱状图后，当需要查看柱状图时，通过多次按控制拨轮上的 DISP 按钮即可切换到柱状图显示状态。

▲ 在拍摄时，通常可利用柱状图判断画面的曝光是否合适『焦距：70mm；光圈：F3.2；快门速度：1/1000s；感光度：ISO200』

▲ 操作方法

在拍摄时要想显示柱状图，可按 DISP 按钮直至显示柱状图界面

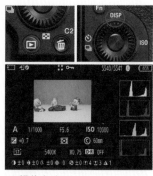

▲ 操作方法

在机身上按 ▶ 按钮播放照片，然后按 DISP 按钮直至显示柱状图界面

利用柱状图分区判断曝光情况

　　下图呈现出了柱状图的每个分区和图像亮度之间的关系，像素堆积在柱状图左侧或者右侧的边缘则意味着部分图像是超出柱状图范围的。其中右侧边缘出现黑色线条表示照片中有部分像素曝光过度，摄影师需要根据情况调整曝光参数，以避免照片中出现大面积曝光过度的区域。如果第 8 分区或者更高的分区有大量黑色线条，代表图像有部分较亮的高光区域，而且这些区域是有细节的。

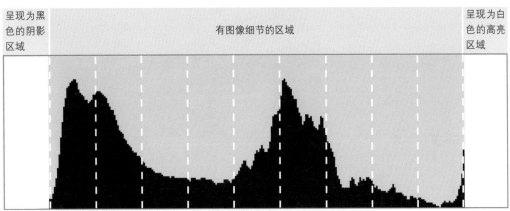

▲ 数码相机的区域系统

分区序号	说明	分区序号	说明
第0分区	黑色	第6分区	色调较亮、色彩柔和
第1分区	接近黑色	第7分区	明亮、有质感，但是色彩有些苍白
第2分区	有些许细节	第8分区	有少许细节，但基本上呈模糊苍白的状态
第3分区	灰暗、细节呈现效果不错，但是色彩比较模糊	第9分区	接近白色
第4分区	色调和色彩都比较暗	第10分区	纯白色
第5分区	中间色调、中间色彩		

▲ 柱状图分区说明表

　　需要注意的是，第 0 分区和第 10 分区分别指黑色和白色，虽然在柱状图中的区域大小与第 1～9 分区相同，但实际上它只是代表直方图的最左边（黑色）和最右边（白色），没有限定的边界。

认识 3 种典型的柱状图

柱状图的横轴表示亮度等级（从左至右对应从黑到白），纵轴表示图像中各种亮度像素数量的多少，峰值越高，表示这个亮度的像素数量越多。

所以，拍摄者可通过观看柱状图的显示状态来判断照片的曝光情况，若出现曝光不足或曝光过度，调整曝光参数后再进行拍摄，即可获得一张曝光准确的照片。

曝光过度的柱状图

当照片曝光过度时，画面中会出现大片白色的区域，很多细节都丢失了，反映在柱状图上就是像素主要集中在横轴的右端（最亮处），并出现像素溢出现象（即高光溢出），而左侧较暗的区域则无像素分布，因此该照片在后期无法补救。

曝光准确的柱状图

当照片曝光准确时，画面的影调较为均匀，且高光、暗部和阴影处均无细节丢失，反映在柱状图上就是在整个横轴上从左端（最暗处）到右端（最亮处）都有像素分布，后期可调整的余地较大。

曝光不足的柱状图

当照片曝光不足时，画面中会出现无细节的黑色区域，丢失了过多的暗部细节，反映在柱状图上就是像素主要集中在横轴的左端（最暗处），并出现像素溢出现象（即暗部溢出），而右侧较亮区域少有像素分布，因此该照片在后期也无法补救。

▲ 曝光过度

▲ 曝光准确

▲ 曝光不足

辩证地分析柱状图

在使用柱状图判断照片的曝光情况时，不能生搬硬套前面所讲述的理论，因为高调或低调照片的柱状图看上去与曝光过度或曝光不足的柱状图很像，但照片并非曝光过度或曝光不足，这一点从右图和下图展示的两张照片及其相应的柱状图中就可以看出来。

因此，检查柱状图后，要视具体拍摄题材和想要表现的画面效果，灵活地调整曝光参数。

▲ 画面中的白色所占面积很大，虽然柱状图中的线条主要分布在右侧，但这是一幅典型的高调效果的画面，应与其他曝光过度照片的直方图区别看待『焦距：35mm；光圈：F8；快门速度：1/2000s；感光度：ISO100』

▲ 这是一幅典型的低调效果照片，画面中的暗调面积较大，直方图中的线条主要分布在左侧，但这是摄影师刻意追求的效果，与曝光不足有本质的不同『焦距：300mm；光圈：F6.3；快门速度：1/180s；感光度：ISO200』

设置曝光补偿让曝光更准确

曝光补偿的含义

相机的测光是基于 18% 中性灰建立的。由于微单相机的测光主要是由景物的平均反光率确定的，而除了反光率比较高的场景（如雪景、云景）及反光率比较低的场景（如煤矿、夜景），其他大部分场景的平均反光率都在 18%，这一数值正是灰度为 18% 的物体的反光率。因此，可以简单地将相机的测光原理理解为：当所拍摄场景中被摄物体的反光率接近于 18% 时，相机就会做出正确的测光。

所以，在拍摄一些极端环境，如较亮的雪或较暗的环境时，相机的测光结果就是错误的，此时就需要摄影师通过调整曝光补偿来得到想要的拍摄结果，如下图所示。

通过调整曝光补偿数值，可以改变照片的曝光效果，从而使拍摄出来的照片能更好地传达摄影师的表现意图。例如，通过增加曝光补偿，使照片轻微曝光过度得到柔和的色彩与浅淡的阴影，赋予照片轻快、明亮的效果；或者通过减少曝光补偿，使照片变得阴暗。

在拍摄时，是否能够主动运用曝光补偿技术，是判断一位摄影师真正理解摄影的光影奥秘的依据之一。

曝光补偿通常用类似"±nEV"的方式来表示。"EV"是指曝光值，"+1EV"是指在自动曝光的基础上增加 1 挡曝光；"−1EV"是指在自动曝光的基础上减少 1 挡曝光，以此类推。索尼 α7C II 微单相机的曝光补偿范围为 −5.0 ～ +5.0EV，可以以 1/3EV 或 1/2EV 为单位对曝光进行调整。

▲ 操作方法

默认设置下，后转盘 R 的功能是曝光补偿。选择正值将增加曝光补偿，照片变亮；选择负值将减少曝光补偿，照片变暗

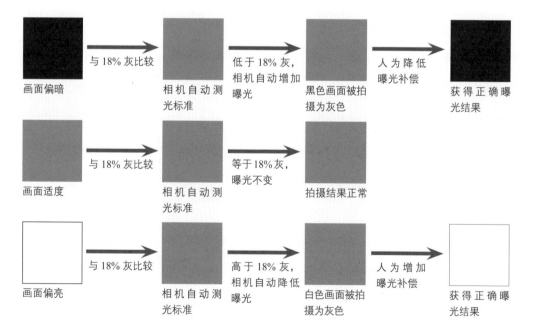

画面偏暗 → 与 18% 灰比较 → 相机自动测光标准 → 低于 18% 灰，相机自动增加曝光 → 黑色画面被拍摄为灰色 → 人为降低曝光补偿 → 获得正确曝光结果

画面适度 → 与 18% 灰比较 → 相机自动测光标准 → 等于18% 灰，曝光不变 → 拍摄结果正常

画面偏亮 → 与 18% 灰比较 → 相机自动测光标准 → 高于 18% 灰，相机自动降低曝光 → 白色画面被拍摄为灰色 → 人为增加曝光补偿 → 获得正确曝光结果

曝光补偿的调整原则

设置曝光补偿时应当遵循"白加黑减"的原则。例如，在拍摄雪景时一般要增加 1 ~ 2 挡曝光补偿，这样拍出的雪比较白亮，更加接近人眼的观察效果；而在被摄主体位于黑色背景前或拍摄颜色比较深的景物时，应该减少曝光补偿，以获得较理想的画面效果。

除此之外，还要根据所拍摄场景中亮调与暗调所占的面积来确定曝光补偿的数值，如果亮调所占的面积越大，设置的正向曝光补偿值就应该越大；反之，如果暗调所占的面积越大，则设置的负向曝光补偿值就应该越大。

▲ 这幅作品的背景是白色的，拍摄时增加两挡曝光补偿可使画面显得更加洁净，给人以清新、淡雅的感觉『焦距：50mm；光圈：F5.6；快门速度：1/640s；感光度：ISO100』

▼ 在拍摄类似下图这样的低调作品时，适当地减少曝光补偿可以渲染画面气氛『焦距：50mm；光圈：F4；快门速度：1/40s；感光度：ISO500』

正确理解曝光补偿

许多摄影初学者在刚接触曝光补偿时，以为使用曝光补偿就可以在曝光参数不变的情况下，提亮或加暗画面，这个想法是错误的。

实际上，曝光补偿是通过改变光圈或快门速度来提亮或调暗画面的，即在光圈优先曝光模式下，如果想要增加曝光补偿，相机实际上是通过降低快门速度来实现的；减少曝光补偿，则是通过提高快门速度来实现的。在快门优先曝光模式下，如果想要增加曝光补偿，相机实际上是通过增大光圈来实现的（当光圈达到镜头所标示的最大光圈时，曝光补偿就不再起作用）；减少曝光补偿，则是通过缩小光圈来实现的。下面通过展示两组照片及其拍摄参数来佐证这一观点。

▲焦距：50mm；光圈：F3.2；快门速度：1/8s；感光度：ISO100；曝光补偿：-0.3

▲焦距：50mm；光圈：F3.2；快门速度：1/6s；感光度：ISO100；曝光补偿：0

▲焦距：50mm；光圈：F3.2；快门速度：1/4s；感光度：ISO100；曝光补偿：+0.3

▲焦距：50mm；光圈：F3.2；快门速度：1/2s；感光度：ISO100；曝光补偿：+0.7

从上面展示的 4 张照片中可以看出，在光圈优先曝光模式下，调整曝光补偿实际上是改变了快门速度。

▲焦距：50mm；光圈：F4；快门速度：1/4s；感光度：ISO100；曝光补偿：-0.3

▲焦距：50mm；光圈：F3.5；快门速度：1/4s；感光度：ISO100；曝光补偿：0

▲焦距：50mm；光圈：F3.2；快门速度：1/4s；感光度：ISO100；曝光补偿：+0.3

▲焦距：50mm；光圈：F2.5；快门速度：1/4s；感光度：ISO100；曝光补偿：+0.7

从上面展示的 4 张照片中可以看出，在快门优先曝光模式下，调整曝光补偿实际上是改变了光圈大小。

Q：为什么有时即使不断增加曝光补偿，所拍摄出来的画面仍然没有变化？

A：若发生这种情况，通常是由于曝光组合中的光圈值已经达到了镜头的最大光圈限制。

利用阶段曝光提高拍摄成功率

阶段曝光是一种比较安全的曝光方法，因为使用这种曝光方法一次能够拍摄出 3 张、5 张、7 张或 9 张不同曝光量的照片，实际上就是多拍精选。如果拍摄者自身技术水平有限、拍摄的场景光线复杂，建议选用这种曝光方法。

为合成 HDR 照片拍摄素材

在风光、建筑摄影中，使用阶段曝光拍摄的不同曝光参数的照片，可以作为合成 HDR 照片的素材，从而得到高光、中间调及暗调都具有丰富细节的照片。

使用 Camera Raw 合成 HDR 照片

在本例中，由于环境的光比较大，因此拍摄了 4 张不同曝光的 RAW 格式照片，以分别显示出高光、中间调及暗部细节，这是合成 HDR 照片的必要前提，它们的质量会对合成结果产生很大的影响，而且 RAW 格式的照片本身具有极高的宽容度，能够合成更好的 HDR 效果，然后只需要按照以下操作步骤在 Adobe Camera Raw 中进行合成并调整即可。

❶ 在Photoshop中打开要合成HDR的4幅照片，并启动Camera Raw软件。

❷ 在左侧列表中选中任意一张照片，按【Ctrl+A】组合键选中所有的照片。按【Alt+M】组合键，或单击鼠标右键，在弹出的快捷菜单中选择"合并到HDR"命令。

❸ 在经过一定的处理过程后，将弹出"HDR合并预览"对话框，通常情况下，以默认参数进行处理即可。

❹ 单击"合并"按钮，在弹出的对话框中选择文件保存的位置，并以默认的DNG格式进行保存，保存后的文件会与之前的素材一起显示在左侧的列表中。

❺ 至此，完成HDR照片的合成操作，用户可根据需要，在其中适当调整曝光及色彩等属性，直至画面效果满意为止。

▲ 操作方法

按控制轮上的拍摄模式按钮⚙/▣，然后按▲或▼方向键选择单拍或连拍阶段曝光模式，再按◀或▶方向键选择曝光量和张数选项

▲ 选择"合并到 HDR"选项

▲ "HDR 合并预览"对话框

▲ 合成后的效果

阶段曝光设置

"阶段曝光设置"菜单用于设置阶段曝光的自拍定时时间及曝光顺序。

当在"阶段曝光中自拍定时"中选择了某个时间选项后,相机将在所设定的时间结束后进行阶段曝光拍摄,此功能适用于拍摄曝光时间较长的场景,可以避免手指按下快门按钮时因抖动而造成画面模糊的情况。

当在"阶段曝光顺序"中选择某种顺序之后,拍摄时将按照这一顺序进行拍摄。在实际拍摄中,更改阶段曝光顺序并不会对拍摄结果产生影响,摄影师可以根据自己的习惯进行调整。选择"→0 –→ +"选项,相机会按照标准曝光量、减少曝光量、增加曝光量的顺序进行拍摄;选择"– → 0 → +"选项,相机会按照减少曝光量、标准曝光量、增加曝光量的顺序进行拍摄。

> 📷 **高手点拨**:如何设定阶段曝光顺序取决于个人习惯,为了避免曝光的跳跃性影响摄影师对阶段曝光级数的判断,建议选择"–→0→ +"顺序。

▶ 早上的光线较为复杂,因此摄影师使用了阶段曝光模式进行拍摄,同时还选择了2秒自拍定时,防止按快门时产生抖动『焦距:20mm;光圈:F14;快门速度:1/250s;感光度:ISO400』

❶ 在**拍摄菜单**的第5页**拍摄模式**中,点击选择**阶段曝光设置**选项

❷ 点击选择**阶段曝光中自拍定时**或**阶段曝光顺序**选项

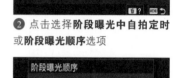

❸ 若在步骤❷中选择了**阶段曝光中自拍定时**选项,点击选择一个自拍定时选项

❹ 若在步骤❷中选择了**阶段曝光顺序**选项,点击选择一个阶段曝光顺序选项

设置动态范围优化使画面细节更丰富

在拍摄光比较大的场景时，照片画面容易丢失细节，当亮部过亮、暗部过暗或明暗反差较大时，启用"动态范围优化"（简称 DRO）功能可以进行不同程度的校正。

例如，在明亮的阳光直射下拍摄时，拍出的照片中容易出现较暗的阴影与较亮的高光区域，启用"动态范围优化"功能，可以确保所拍摄照片中的高光和阴影区域的细节不会丢失，因为此功能会使照片的曝光稍欠一些，有助于防止照片的高光区域完全变白而显示不出任何细节，同时还能避免因为曝光不足而使阴影区域中的细节丢失。

开启"动态范围优化"功能后，可以选择动态范围级别选项，以设定相机平衡高光与阴影区域的强度，包括"自动""1 ~ 5 级"共 6 个选项。

当选择"自动"选项时，相机将根据拍摄环境对照片中的各区域进行修改，确保画面的亮度和色调都有一定的细节。

所选择的动态范围级别数值越高，相机修改照片中高光与阴影区域的强度越大。

① 在**曝光/颜色菜单**的第 6 页**颜色/色调**中，点击选择**动态范围优化**选项

② 点击选择优化等级，然后点击 ●OK 图标确定

▲ 通过上图的对比可以看出，未开启 DRO 功能时，画面对比强烈；而将动态范围级别设置为 LV1 时，画面对比仅是较为明显；当将动态范围级别设置为 LV3 时，画面对比柔和，高光及阴影部分都有细节表现，但放大后查看会发现阴影部分出现了噪点

利用间隔拍摄功能进行延时摄影

延时摄影又称"定时摄影",即利用相机的"间隔拍摄"功能,每隔一定的时间拍摄一张照片,最终形成一组完整的照片。用这些照片生成的视频能够呈现出经常在电视上看到的花朵开放、城市变迁、风起云涌等效果。

例如,花蕾的开放总共约需 72 小时,但如果每半小时拍摄一个画面,顺序记录开花的过程,需拍摄 144 张照片,当用这些照片生成视频并以正常帧频率放映时(每秒 24 幅),在 6 秒之内即可重现花朵的开放过程,能够给人以强烈的视觉震撼。延时摄影通常用于拍摄城市风光、自然风景、天文现象、生物演变等题材。

索尼 α7C Ⅱ 微单相机拥有约 3300 万的有效像素,再搭配使用高分辨率的索尼镜头拍摄出来的系列照片,后期利用 Imaging Edge Desktop 软件可以制作出具有精致细节的延时视频。进行延时拍摄需要注意以下几点。

- 一定要使用脚架稳定相机,并且关闭防抖功能进行拍摄,否则在最终生成的视频短片中就会出现明显的跳动画面。
- 建议使用全手动曝光模式(M 挡),手动设置光圈、快门速度和感光度,以确保拍摄出来的所有系列照片拥有相同的曝光效果。
- 将对焦方式切换为手动对焦。
- 设置"拍摄开始时间"之前,确认相机的时间和日期是设置正确的。
- 确认相机电池满格,或者使用电源适配器和电源连接线(另购)连接直流电源为相机供电,以确保相机不会因电量不足而使拍摄中断。
- 在间隔拍摄过程中(包括按快门按钮和开始拍摄之间的时间),无法进行菜单操作,但可以进行拨轮操作。因此,如果要设定菜单功能,需要在按下快门按钮之前进行操作。
- 开始间隔拍摄之前,最好以当前设定参数试拍一张照片查看效果。在间隔拍摄过程中,不会显示自动检测。

▲ 这是使用延时摄影方法拍摄的一组记录日落时分光线与色彩变化的画面

↓ 设定步骤

❶ 在**拍摄菜单**的第 5 页**拍摄模式**中，点击选择**间隔拍摄功能**选项

❷ 点击选择**间隔拍摄**选项

❸ 点击选择**开**选项

❹ 若在步骤❷中选择了**拍摄开始时间**选项，点击选择时间数字框，然后点击▲或▼图标选择所需的时间。设置完成后，点击●OK图标确定

❺ 若在步骤❷中选择了**拍摄间隔**选项，点击选择时间数字框，然后点击▲或▼图标选择所需的数值。设置完成后，点击●OK图标确定

❻ 若在步骤❷中选择了**拍摄次数**选项，点击选择张数数字框，然后点击▲或▼图标选择所需数值。设置完成后，点击●OK图标确定

❼ 若在步骤❷中选择了 **AE 跟踪灵敏度**选项，点击选择所需选项

❽ 若在步骤❷中选择了**间隔内的快门类型**选项，点击选择所需选项

❾ 若在步骤❷中选择了**拍摄间隔优先**选项，点击选择**开**或**关**选项

● 间隔拍摄：若选择"开"选项，将在所选时间开始间隔拍摄；若选择"关"选项，则关闭间隔拍摄功能。

● 拍摄开始时间：设定从按快门按钮到开始间隔拍摄之间的时间间隔。可以设定在 1 秒～ 99 分 59 秒。

● 拍摄间隔：选择两次拍摄之间的间隔时间。时间可以在 1 ～ 60 秒设定。

● 拍摄次数：选择间隔拍摄的张数。可以在 1 ～ 9999 张设定。

● AE 跟踪灵敏度：在间隔拍摄过程中，画面的自动曝光随着环境亮度变化而做出调整。用户可以选择高、中、低的曝光跟踪灵敏度。如果选择了"低"选项，则间隔拍摄过程中的曝光变化将变得更加平滑。

● 间隔内的快门类型：选择间隔拍摄过程中是使用机械快门还是电子快门拍摄。

● 拍摄间隔优先：如果使用 P 和 A 挡曝光模式拍摄，并且快门速度变得比"拍摄间隔"中设定的时间更长时，是否以拍摄间隔优先。选择"开"选项，可以确保画面以所选间隔时间进行拍摄；选择"关"选项，则可以确保画面正确曝光。

利用"AEL 功能"锁定曝光参数

AEL（曝光锁定），顾名思义就是将画面中某个特定区域的曝光参数锁定，并依据此曝光值对拍摄场景进行曝光。

曝光锁定主要用于以下场合：①当光线复杂而主体不在画面中央位置时，需要先对准主体进行测光，然后将曝光参数锁定，再进行重新构图、拍摄；②以代测法对场景进行测光，当场景中的光线复杂或主体较小时，可以用其他代测物体进行测光，如人的面部、反光率为 18% 的灰板、人的手背等，然后将曝光参数锁定，再进行重新构图、拍摄。

下面以拍摄人像为例讲解其操作方法。

❶ 通过使用镜头的长焦端或者靠近被摄者，使被摄者充满画面，半按快门得到一个曝光参数，按下预设按钮锁定曝光值。

❷ 保持预设按钮的按下状态（画面右下方的 ✱ 会亮起），通过改变相机的焦距或者改变与被摄者之间的距离进行重新构图，半按快门对被摄者对焦，合焦后完全按下快门完成拍摄。

高手点拨：如果要一直锁定曝光参数，可选择"⌖自定键/转盘设置"菜单中的"曝光"选项，并选择"AE锁定切换"选项。这样即使释放AEL按钮，相机也会以锁定的曝光参数进行拍摄，再次按下该按钮才会取消锁定的曝光参数。

◀ 使用长焦镜头将女孩的头部拉近，直至其脸部基本充满整个画面，在此基础上进行测光，可以确保人像的面部获得正确曝光

❶ 在**设置菜单**的第 3 页**操作自定义**中，点击选择⌖**自定键/转盘设置**选项

↓

❷ 在后侧 1 列表中点击选择 **C1** 按钮进行自定义设置

↓

❸ 在左侧选择**曝光/颜色菜单**第 1 页**曝光**页面，然后在右侧列表中点击选择 **AE 锁定保持**或 **AE 锁定切换**选项

◀ 使用曝光锁定功能后，人物的肤色得到了更好的还原『焦距：85mm；光圈：F1.8；快门速度：1/8000s；感光度：ISO100』

使用 Wi-Fi 功能拍摄

使用 Wi-Fi 功能拍摄的三大优势

自拍时摆造型更自由

使用手机自拍，虽然操作方便、快捷，但效果不尽如人意。而使用数码卡片相机自拍时，虽然效果很好，但操作起来却很麻烦。通常在拍摄前要选好替代物，以便于相机锁定焦点，在拍摄时还要准确地站立在替代物的位置，否则有可能导致焦点不实，更不用说能否捕捉到最灿烂的笑容。但如果使用索尼 α7C Ⅱ 微单相机的 Wi-Fi 功能，则可以很好地解决这一问题。只要将智能手机注册到索尼 α7C Ⅱ 微单相机的 Wi-Fi 网络中，就可以将相机液晶显示屏中显示的影像，以直播的形式显示到手机屏幕上。这样在自拍时就能很轻松地确认自己有没有站对位置、脸部是否摆在最佳的角度、笑容是否灿烂等，通过手机屏幕观察后，就可以用手机直接控制快门进行拍摄。

在更舒适的环境下遥控拍摄

喜欢在野外拍摄星轨的摄影师，大多体验过刺骨的寒风和蚊虫的叮咬。这是由于拍摄星轨需要长时间曝光，而且为了避免受到城市灯光的影响，拍摄地点通常选择在空旷的野外。因此，虽然拍摄的成果令人激动，但拍摄的过程的确是一种煎熬。利用索尼 α7C Ⅱ 微单相机的 Wi-Fi 功能可以很好地解决这一问题。只要将智能手机注册到索尼 α7C Ⅱ 微单相机的 Wi-Fi 网络中，摄影师就可以在遮风避雨的拍摄场所，如汽车内、帐篷中，通过智能手机进行遥控拍摄。这一功能对于喜好天文和野生动物摄影的摄影师而言，绝对值得尝试。

更及时地将照片上传到社交网络中

在社交网络中热门转瞬即逝，将相机与手机连接后，可以通过将相机拍摄的照片上传到手机后，从手机快速发布照片，以更及时地抓住并呈现社会热点。

安装 CREATORS' App

使用智能手机遥控索尼 α7C Ⅱ 微单相机时，需要在智能手机中安装 CREATORS' AppImaging Edge Mobile 或者 Imaging Edge Mobile 程序。CREATORS' AppImaging Edge Mobile 和 Imaging Edge Mobile 可在索尼 α7C Ⅱ 微单相机与智能设备之间建立双向无线连接。连接后可将使用相机拍摄的照片下载至智能设备，也可以在智能设备上显示相机镜头视野从而遥控相机。

如果使用的是苹果手机，可从 App Store 下载安装两款软件的 iOS 版本；如果所使用的是安卓系统的手机，则可以从手机应用市场中下载两款软件的安卓版本。

▲ Imaging Edge Mobile 程序图标

▲ CREATORS' App 程序图标

注册智能手机进行连接

要想使用智能手机控制索尼 α7C II 微单相机，需要先在相机上注册智能手机型号，当相机与智能手机配对成功后才能进行遥控拍摄或传输影像的操作，具体操作步骤如下。

⬇ 设定步骤

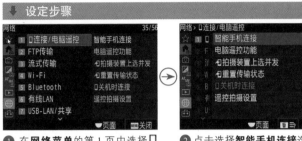  

❶ 在**网络菜单**的第 1 页中选择**连接 / 电脑遥控**选项

❷ 点击选择**智能手机连接**选项

❸ 进入 CREATORS' App 下载安装界面

❹ 根据手机对应系统下载CREATORS' App

❺ 在 App 中选择**连接到相机**选项

❻ 选择对应的相机产品名称，这里选择 **α7C II /ILCE-7CM2** 选项

❼ 点击**始终允许**选项

❽ 在手机配对请求界面点击**配对和连接**选项

❾ 在相机所显示的确认界面上点击选择**确定**选项

❿ 在智能手机显示的确认界面中可以查看相机信息或对相机进行遥控操作

⓫ 点击**远程拍摄**选项，可在手机上同步显示相机拍摄画面

高手点拨：如果连接不成功，可用下面展示的菜单复位网络，并在手机蓝牙列表中删除相机的蓝牙名称。

通过相机 Wi-Fi 连接智能手机

除了通过蓝牙连接相机与手机，还可以通过 Wi-Fi 将手机与相机连接起来，具体操作步骤如下。

❶ 在**网络菜单**的第 1 页中选择📷**连接 / 电脑遥控**选项

❷ 点击选择**智能手机连接**选项

❸ 点击屏幕上的删除图标选择**通过 Wi–Fi 连接**选项

❹ 相机显示 Wi-Fi 名称及密码

❺ 进入手机无线局域网界面，可以看到由相机产生的 Wi-Fi

❻ 按第❹步提示输入密码后，与相机的 Wi-Fi 连接成功

❼ 打开并进入 CREATORS' App 界面

❽ 点击 OK 允许相机访问位置定位

❾ 进入相机信息查看界面，点击**远程拍摄**选项

❿ 便可在手机上同步显示相机拍摄画面

用智能手机进行遥控拍摄

将索尼 α 7C Ⅱ 微单相机连接到智能手机,并打开 CREATORS' App 软件时,不仅可以在手机上拍摄照片,还可以在拍摄前进行设置,如快门速度、ISO 感光度、光圈、白平衡、连拍、自拍等选项。

⬇ 设定步骤

❶ 在智能手机上启动 CREATORS' App,点击选择**远程拍摄**选项

❷ 在相机与手机蓝牙连接成功的情况下,选择 **Wi-Fi 连接**,接入相机的无线局域网

❸ 连接成功后将进入拍摄界面

❹ 调整光圈值状态

❺ 调整照相模式状态

❻ 调整对焦模式状态

将相机中照片传输到智能手机上

在索尼 α7C Ⅱ 微单相机的"拍摄装置上选并发"菜单中，可以选择一张照片、多张照片、某个日期内的照片或筛选的照片传输到智能手机上，操作步骤如右侧所示。

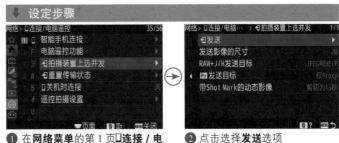

❶ 在**网络菜单**的第 1 页**□连接 / 电脑遥控**中，点击选择**□拍摄装置上选并发**选项

❷ 点击选择**发送**选项

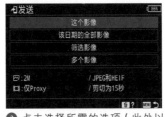

❸ 点击选择所需的选项（此处以选择**这个影像**选项为例）确定

如果要在 CREATORS' App 中查看相机存储卡中的照片，并将照片传到智能手机上，可按下面的步骤进行操作。操作时，应尽量在照片都传输完成后，再进入手机相册中查看相片，因为一旦离开 CREATORS' App，要再次传输照片，还要重新与相机建立连接。

❹ 出现传送提示界面

❺ 启动 CREATORS' App，便可在其主界面查看手机发送的图片

设定步骤

❶ 在 CREATORS' App 中点击■选项查看导入影像

❷ 点击右上方的●按钮可以查看照片的详细参数

❸ 返回 CREATORS' App 主界面，点击**导入**选项

❹ 可以根据日期批量导入照片，点击便可完成操作

利用相机通过 USB 进行直播

　　网上直播是当下流行趋势，要想利用索尼 α7C Ⅱ 微单相机与计算机建立连接进行直播，只需对"USB
流式传输""输出分辨率/帧速率""流式传输动态影像录制"3 个菜单进行设置，即可轻松实现用索尼
α7C Ⅱ 微单相机录制实时视频进行直播。

⬇ 设定步骤

❶ 在**设置菜单**的第 11 页 USB 中，
点击选择 **USB 连接模式**选项

❷ 点击选择 **USB 流式传输**选项

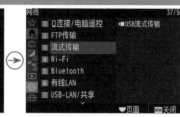

❸ 在**网络菜单**中选择第 3 页**流式
传输**

❹ 选择 **USB 流式传输**选项

❺ 在**网络菜单**的第 3 页 **USB 流式
传输**中，点击选择**输出分辨率/帧速率**
选项

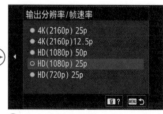

❻ 点击选择所需的选项，一般建
议选择 **HD（1080P）25P** 选项

❼ 点击选择**流式传输动态影像录
制**选项

❽ 设定在流式传输期间是否启用
将视频记录到录制相机

❾ 使用 USB 连接线将相机与计算
机连接起来，打开 OBS 直播软件

❿ 在设备栏中选择 **ILCE-7CM2**
作为录制设备，并在此界面中进行
相关设置

⓫ 确认录制界面是否适合后，即
可开始直播

▲连接示例

第 5 章

镜头、滤镜、脚架
及其他附件

镜头标识名称解读

通常镜头名称中会包含很多数字和字母，索尼 FE 镜头专用于索尼全画幅微单机型，采用了独立的命名体系，各数字和字母都有特定的含义。熟记这些数字和字母代表的含义，就能很快地了解一款镜头的性能。

▲ FE 28-70mm F3.5-5.6 OSS 镜头

FE 28-70mm F3.5-5.6 OSS

❶   ❷   ❸   ❹

❶ FE：代表此镜头适用于索尼全画幅微单相机。

❷ 28-70mm：代表镜头的焦距范围。

❸ F3.5-5.6：代表此镜头在广角端 28mm 焦距段时可用最大光圈为 F3.5，在长焦端 70mm 焦距段时可用最大光圈为 F5.6。

❹ OSS（Optical Steady Shot）：代表此镜头采用光学防抖技术。

了解恒定光圈镜头与浮动光圈镜头

恒定光圈，即指在镜头的任何焦段下都拥有相同的光圈。如 FE 24-70mm F2.8 GM 在 24 ~ 70mm 的任意一个焦距下拥有 F2.8 的大光圈，以保证充足的进光量、更好的虚化效果，所以价格也比较贵。

浮动光圈，是指光圈会随着焦距的变化而改变，例如 FE 70-300mm F4.5-5.6 G OSS，当焦距为 70mm 时，最大光圈为 F4.5；而焦距为 300mm 时，其最大光圈就自动变为了 F5.6。浮动光圈镜头的性价比较高是其较大的优势。

定焦镜头与变焦镜头的优劣势

在选购镜头时，除了要考虑恒定光圈与浮动光圈之外，还涉及定焦与变焦镜头之间的选择。如果用一句话来说明定焦与变焦的区别，那就是"定焦取景基本靠走，变焦取景基本靠扭"。由此可见，两者之间最大的区别就是一个焦距固定，另一个焦距不固定，其他区别如下表。

定焦镜头	变焦镜头
最大光圈可达到 F1.8、F1.4、F1.2	少数镜头最大光圈能达到 F2.8
焦距不可调节，改变景别靠走	可以调节焦距，改变景别不用走
成像质量优异	大部分镜头成像质量不如定焦镜头

了解焦距对视角、画面效果的影响

焦距对拍摄视角有非常大的影响，例如，使用广角镜头的14mm焦距拍摄，其视角能够达到114°；而如果使用长焦镜头的200mm焦距拍摄，其视角只有12°。不同焦距镜头对应的视角如下图所示。

由于不同焦距镜头的视角不同，因此，不同焦距镜头适用的拍摄题材也有所不同。比如，焦距短、视角宽的广角镜头常用于拍摄风光；而焦距长、视角窄的长焦镜头则常用于拍摄体育比赛、鸟类等位于远处的对象。要记住不同焦段的镜头的特点，可以从下面这句口诀开始："短焦视角广，长焦压空间，望远景深浅，微距景更短。"

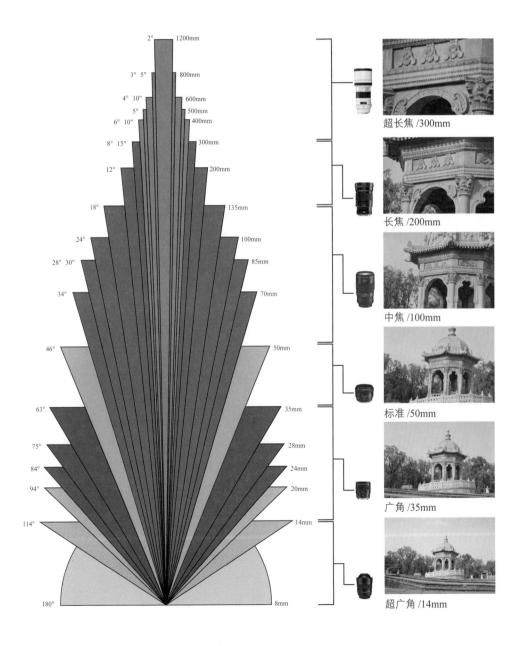

超长焦 /300mm

长焦 /200mm

中焦 /100mm

标准 /50mm

广角 /35mm

超广角 /14mm

滤镜的形状

常见的滤镜有方形与圆形两类，下面分别讲解不同形状滤镜的优缺点。

圆形滤镜

圆形滤镜有便携、易用的优点，无论是旋入式还是磁吸式使用时均比方形滤镜更方便。

圆形滤镜可与遮光罩同时使用，不易出现漏光，且圆形滤镜可长期装在镜头上，不需要拆卸也能与镜头一同收纳和使用。

圆形滤镜的镜片有金属框架保护，更不易破损。

但使用圆形滤镜易出现暗角问题，且基本上不能多枚滤镜叠加使用，所以需要购买同一类型的多个不同规格镜片，实际使用成本较高；购买时需要与镜头口径一一对应，如滤镜口径为 75mm，就只能用在前镜组口径为 75mm 的镜头上。

当圆形滤镜长时间安装在镜头上时，其螺纹可能由于变形无法拆下来。

方形滤镜

方形滤镜在购买时需要包含滤镜支架，且其材质通常是光学玻璃，因此，单价和总价都要比圆形滤镜高。

为了安装在不同口径的镜头上，需要购买不同的口径转接环，虽然方形滤镜可以多片叠加使用，但由于滤镜支架存在间隙，因此容易出现漏光问题。

在安全性方面，方形滤镜由于是玻璃材质，并且没有保护边框，因此低于圆形滤镜，如果不注意清洁，还容易被带有腐蚀性的水雾侵蚀。

方形滤镜的优点是相比圆形滤镜，不易出现暗角；可与圆形滤镜中的偏振滤镜叠加使用；可多片叠加使用，实现更复杂的光线控制效果；与镜头的兼容性强，如 150mm 和 100mm 规格方形滤镜，能通过镜头口径转接环适配绝大多数主流规格的镜头。

▲ 圆形中灰镜

▲ 方形中灰镜

滤镜的材质

现在能够买到的滤镜一般有玻璃与树脂两种材质。

玻璃材质的滤镜在使用寿命上远远高于树脂材质的滤镜。树脂其实就是一种塑料，通过化学浸泡置换出不同减光效果的挡位，这种材质长时间在户外风吹日晒的环境下，很快就会偏色，如果照片出现严重的偏色，后期也很难校正回来。

玻璃材质的滤镜使用的是镀膜技术，质量过关的玻璃材质的滤镜使用几年也不会变色，当然价格也比树脂型滤镜高。

▲ 用合适滤镜过滤杂光获得纯净的色彩『焦距：100mm；光圈：F5；快门速度：1/250s；感光度：ISO100』

UV 镜

UV 镜也叫"紫外线滤镜"，是滤镜的一种，主要是针对胶片相机设计的，用于防止紫外线对曝光的影响，提高成像质量和影像的清晰度。现在的数码相机已经不存在这种问题了，但由于其价格低廉，已成为摄影师用来保护数码相机镜头的工具。因此，强烈建议摄友在购买镜头的同时也购买一款 UV 镜，以更好地保护镜头不受灰尘、手印及油渍的侵扰。

除了购买索尼原厂的 UV 镜，肯高、NISI 及 B+W 等厂商生产的 UV 镜也不错，性价比很高。

▲ B+W 77mm XS-PRO MRC UV 镜

保护镜

如前所述，在数码摄影时代，UV 镜的作用主要是保护镜头。开发这种 UV 镜可以兼顾数码相机与胶片相机，但考虑到胶片相机逐步退出了主流民用摄影市场，各大滤镜厂商在开发 UV 镜时已经不再考虑胶片相机。因此，这种 UV 镜演变成了专门用于保护镜头的一种滤镜：保护镜，这种滤镜的功能只有一个，就是保护昂贵的镜头。

与 UV 镜一样，口径越大的保护镜价格越贵，通光性越好的保护镜价格也越高。

▲ 肯高保护镜

▲ 保护镜不会影响画面的画质，透过它拍摄出来的风景照片层次很细腻，颜色很鲜艳

偏振镜

如果希望拍摄到具有浓郁色彩的画面、清澈见底的水面，或者想透过玻璃拍好物品等，一个好的偏振镜是必不可少的。

▲ 肯高 67mm C-PL（W）偏振镜

偏振镜也叫偏光镜或 PL 镜，可分为线偏和圆偏两种，主要用于消除或减少物体表面的反光。数码相机应选择有"CPL"标志的圆偏振镜，因为在数码微单相机上使用线偏振镜容易影响测光和对焦。

在使用偏振镜时，可以旋转其调节环以选择不同的强度，在取景器中可以看到一些色彩上的变化。同时需要注意的是，偏振镜会阻碍光线的进入，大约相当于减少两挡光圈的进光量，故在使用偏振镜时，需要降低约两挡快门速度，这样才能拍出与未使用偏振镜时相同曝光量的照片。

偏振镜效果最佳的角度是镜头光轴与太阳成 90° 时，在拍摄时可以如右图所示，将食指指向太阳，大拇指与食指成 90°，而与大拇指成 180° 的方向则是偏光带，在这个方向拍摄可以使偏振镜的效果发挥到极致。

用偏振镜提高色彩饱和度

如果拍摄环境的光线比较杂乱，会对景物的颜色还原产生很大的影响。环境光和天空光在物体上形成的反光，会使景物的颜色看起来并不鲜艳。使用偏振镜进行拍摄，可以消除杂光中的偏振光，减少杂散光对物体颜色还原的影响，从而提高物体色彩的饱和度，使景物的颜色显得更加鲜艳。

▲ 在镜头前加装偏振镜进行拍摄，可以改变画面的灰暗色彩，增强色彩的饱和度

用偏振镜压暗蓝天

晴朗天空中的散射光是偏振光，利用偏振镜可以减少偏振光，使蓝天变得更蓝、更暗。加装偏振镜后拍摄的蓝天比只使用蓝色渐变镜拍摄的蓝天要更加真实，因为使用偏振镜拍摄，既能压暗天空，又不会影响其余景物的色彩还原。

用偏振镜抑制非金属表面的反光

使用偏振镜拍摄的另一个好处就是可以抑制被摄体表面的反光。在拍摄水面、玻璃表面时，经常会遇到反光的情况，使用偏振镜则可以削弱水面、玻璃及其他非金属物体表面的反光。

▶ 随着转动偏振镜，水面上的倒映物慢慢消失不见

中灰镜

认识中灰镜

中灰镜又被称为 ND（Neutral Density）镜，是一种不带任何色彩成分的灰色滤镜，当将其安装在镜头前面时，可以减少镜头的进光量，从而降低快门速度。

中灰镜分为不同的级数，如 ND6（也称为 ND0.6）、ND8（0.9）、ND16（1.2）、ND32（1.5）、ND64（1.8）、ND128（2.1）、ND256（2.4）、ND512（2.7）、ND1000（3.0）。

不同级数对应不同的阻光挡位。例如，ND6（0.6）可降低 2 挡曝光，ND8（0.9）可降低 3 挡曝光。其他级数对应的曝光降低挡位分别为 ND16（1.2）4 挡、ND32（1.5）5 挡、ND64（1.8）6 挡、ND128（2.1）7 挡、ND256（2.4）8 挡、ND512（2.7）9 挡、ND1000（3.0）10 挡。

常见的中灰镜是 ND8（0.9）、ND64（1.8）、ND1000（3.0），分别对应降低 3 挡、6 挡、10 挡曝光。

▲ 安装了多片中灰镜的相机

◀ 通过使用中灰镜降低快门速度，拍摄出水流连成丝线状的效果『焦距：28mm；光圈：F14；快门速度：1/2s；感光度：ISO100』

下面用一个小实例来说明中灰镜的具体作用。

我们都知道，使用较低的快门速度可以拍出如丝般的溪流、飞逝的流云效果，但在实际拍摄时，经常遇到的一个难题就是，由于天气晴朗、光线充足等原因，导致即使用了最小的光圈、最低的感光度，也仍然无法达到较低的快门速度，更不要说使用更低的快门速度拍出水流如丝般的梦幻效果。

此时就可以使用中灰镜来减少进光量。例如，在晴朗的天气条件下使用 F16 的光圈拍摄瀑布时，得到的快门速度为 1/16s，但使用这样的快门速度拍摄无法使水流产生很好的虚化效果。此时，可以安装 ND4 型号的中灰镜，或者安装两块 ND2 型号的中灰镜，使镜头的进光量减少，从而降低快门速度至 1/4s，即可达到预期的效果。在购买 ND 镜时要关注三个要点：第一是形状，第二是尺寸，第三是材质。

如何选择中灰渐变镜挡位

在使用中灰渐变镜拍摄时，先分别对画面亮处（即需要使用中灰渐变镜深色端覆盖的区域）和要保留细节处（即渐变镜透明端覆盖的区域）测光，计算出这两个区域的曝光相差等级，如果两者相差 1 挡，那么就选择 0.3 的镜片，如果两者相差 2 挡，那么就选择 0.6 的镜片，以此类推。

至于确定画面中亮部与暗部曝光相差等级的计算，其实利用相机中的测光系统就可以完成。操作步骤如下：

1. 设置相机

首先将曝光模式调整为光圈优先，并手动设置一个光圈值和 ISO 数值；再将测光模式调整为点测光，相机的设置工作就完成了。

2. 对暗部进行测光

将测光点对准画面中的暗部进行测光，并调节曝光补偿，直到暗部的亮度符合拍摄预期，然后记录此时的快门速度数值。

3. 对亮部进行测光

将测光点再对准画面中希望保留细节的亮部进行测光，并记录此时的快门速度数值。由于光圈数值、ISO 数值和曝光补偿均为手动设置，所以当测光位置不同时，相机只会自动调节快门速度数值，以使当前测光区域正常曝光。因此，对暗部测光时的快门速度与对亮部测光时的快门速度之间相差的曝光等级，其实就是所用中灰渐变镜的挡位。

比如在设置好光圈和 ISO 之后，对暗部进行点测光，并调整曝光补偿使画面亮度符合预期后，相机提供的快门速度为 1/50s。当将测光点移至画面中的亮部后，相机提供的快门速度为 1/200s（光圈、ISO 和曝光补偿都不要改变），那么 1/50s 与 1/200s 相差 2 挡曝光，所以使用的渐变镜则同样为 2 挡，也就是 GND0.6。

▲ 先利用点测光对暗部进行测光，并通过曝光补偿调节至理想亮度，并记录快门速度数值。

▲ 再利用点测光对亮部进行测光，在不改变其他参数情况下，记录快门速度数值。

计算安装中灰镜后的快门速度

在安装中灰镜时，需要对安装它之后的快门速度进行计算，下面介绍计算方法。

（1）自行计算安装中灰镜后的快门速度。

不同型号的中灰镜可以降低不同挡数的光线。如果降低 N 挡光线，那么曝光量就会减少为 $1/2^N$。所以，为了让照片在安装中灰镜之后与安装中灰镜之前能获得相同的曝光，则安装中灰镜之后，其快门速度应延长为未安装时的 2^N。

例如，在安装减光镜之前，使画面亮度正常的曝光时间为 1/125s，那么在安装 ND64（减光 6 挡）之后，其他曝光参数不动，将快门速度延长为 $1/125 \times 2^6 \approx 1/2$s 即可。

（2）通过后期 App 计算安装中灰镜后的快门速度。

无论是在苹果手机的 App Store 中，还是在安卓手机的各大应用市场中，均能搜到多款计算安装中灰镜后所用快门速度的 App，此处以 Long Exposure Calculator 为例介绍计算方法。

（1）打开 Long Exposure Calculator App。

（2）在第一栏中选择所用的中灰镜。

（3）在第二栏中选择未安装中灰镜时，让画面亮度正常所用的快门速度。

（4）在最后一栏中则会显示不改变光圈和快门速度的情况下，加装中灰镜后，能让画面亮度正常的快门速度。

▲ Long Exposure Calculator App

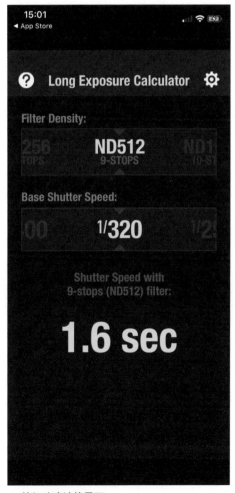

▲ 快门速度计算界面

中灰渐变镜

认识渐变镜

在慢门摄影中，当在日出、日落等明暗反差较大的环境下，拍摄慢速水流效果的画面时，如果不安装中灰渐变镜，直接对地面景物进行长时间曝光，按地面景物的亮度进行测光并进行曝光，天空就会失去所有细节。

要解决这个问题，最好的选择就是用中灰渐变镜来平衡天空与地面的亮度。

渐变镜又被人们称为GND（Gradient Neutral Density）镜，是一种一半透光、一半阻光的滤镜，在色彩上也有很多选择，如蓝色和茶色等。在所有的渐变镜中，最常用的是中性灰色的渐变镜。

拍摄时，将中灰渐变镜上较暗的一侧安排在画面中天空的部分。由于深色端有较强的阻光效果，因此可以减少进入相机的光线，从而保证在相同的曝光时间内，画面上较亮的区域进光量少，与较暗的区域在总体曝光量上趋于相同，使天空层次更丰富，而地面的景观也不至于黑成一团。

▲ 1.3s的长时间曝光使海岸礁石拥有丰富的细节，中灰渐变镜则保证天空不会过曝，并且得到了海面雾化的效果『焦距：18mm；光圈：F10；快门速度：1.3s；感光度：ISO100』

如何搭配选购中灰渐变镜

如果购买一片，建议选GND 0.6或GND0.9。

如果购买两片，建议选GND0.6与GND0.9两片组合，可以通过组合使用覆盖2~5挡曝光。

如果购买三片，可选择软GND0.6+软GND0.9+硬GND0.9。

如果购买四片，建议选择GND0.6+软GND0.9+硬GND0.9+GND0.9反向渐变，硬边渐变镜用于海边拍摄，反向渐变镜用于日出日落拍摄。

中灰渐变镜的形状

中灰渐变镜有圆形与方形两种。圆形中灰渐变镜是直接安装在镜头上的，使用起来比较方便，但由于渐变是不可调节的，因此只能拍摄天空约占画面 50% 的照片。方形中灰渐变镜的优点是可以根据构图的需要调整渐变的位置，且可叠加使用多个中灰渐变镜。

▲ 不同形状的中灰渐变镜

▲ 安装多片渐变镜的效果

中灰渐变镜的挡位

中灰渐变镜分为 GND0.3、GND0.6、GND0.9、GND1.2 等不同的挡位，分别代表深色端和透明端的挡位相差 1 挡、2 挡、3 挡及 4 挡。

▲ 方形中灰渐变镜安装方式

▲ 托架上安装方形中灰渐变镜后的相机

硬渐变与软渐变

根据中灰渐变镜的渐变类型，可以分为软渐变（GND）与硬渐变（H-GND）两种。

软渐变镜40%为全透明，中间35%为渐变过渡，顶部的25%区域颜色最深，当拍摄的场景中天空与地面过渡部分不规则，如有山脉或建筑、树木时使用。

硬渐变的镜片，一半透明，一半为中灰色，两者之间有少许过渡区域，常用于拍摄海平面、地平面与天空分界线等非常明显的场景。

如何选择中灰渐变镜挡位

在使用中灰渐变镜拍摄时，先分别对画面亮处（即需要使用中灰渐变镜深色端覆盖的区域）和要保留细节处测光（即渐变镜透明端覆盖的区域），计算出这两个区域的曝光相差等级，如果两者相差1 挡，那么就选择 0.3 的镜片；如果两者相差 2 挡，那么就选择 0.6 的镜片，以此类推。

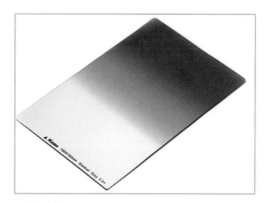

▲ 软渐变镜

▲ 硬渐变镜

用三脚架与独脚架保持拍摄的稳定性

脚架类型及各自的特点

在拍摄微距、长时间曝光题材或使用长焦镜头拍摄动物时，脚架是必备的摄影配件之一，使用它可以让相机变得更稳定，即使在长时间曝光的情况下，也能够拍摄到清晰的照片。

对比项目		说　明
铝合金	碳素纤维	铝合金脚架的较便宜，但较重，不便携带 碳素纤维脚架的档次要比铝合金脚架高，便携性、抗震性、稳定性都很好，但是价格很高
三脚	独脚	三脚架稳定性好，在配合快门线、遥控器的情况下，可实现完全脱机拍摄 独脚架的稳定性要弱于三脚架，在使用时需要摄影师来控制独脚架的稳定性。但由于其体积和重量只有三脚架的1/3，因此携带十分方便
三节	四节	三节脚管的三脚架稳定性高，但略显笨重，携带稍微不便 四节脚管的三脚架能收纳得更短，因此携带更为方便。但是在脚管全部打开时，由于尾端的脚管比较细，稳定性不如三节脚管的三脚架好
三维云台	球形云台	三维云台的承重能力强、构图十分精准，缺点是占用的空间较大，在携带时稍显不便 球形云台体积较小，只要旋转按钮，就可以让相机迅速转到所需要的角度，操作起来十分便利

分散脚架的承重

在海滩、沙漠、雪地拍摄时，由于沙子或雪比较柔软，三脚架的支架会不断地陷入其中，即使是质量很好的三脚架，也很难保持拍摄的稳定性。

尽管陷进足够深的地方能有一定的稳定性，但是沙子、雪会覆盖整个支架，容易造成脚架的关节处损坏。

在这种情况下，就需要一些物体来分散三脚架的重量，一些厂家生产了"雪靴"，安装在三脚架上可以防止脚架陷入雪或沙子中。如果没有雪靴，也可以自制三脚架的"靴子"，比如平坦的石块、旧碗碟或屋顶的砖瓦都可以。

▲ 扁平状的"雪靴"可以防止脚架陷入沙地或雪地

第 6 章
拍视频要理解的术语
及必备附件

理解视频分辨率

视频分辨率是指每一个画面中所显示的像素数量，通常用水平像素数量与垂直像素数量的乘积或垂直像素数量表示。视频分辨率数值越大，画面越精细，画质就越好。索尼的每一代机型在视频功能上均有所增强，而新款的索尼 α7C II 微单相机在视频功能上更为强大，可以录制 10bit 4∶2∶2 4K 超高分辨率视频。

要想享受高分辨率带来的精细画质，除了需要设置索尼相机录制高分辨率的视频，还需要观看视频的设备具有该分辨率画面的播放能力。例如，用索尼 α7C II 相机录制了一段 4K（分辨率为3840×2160）视频，但观看这段视频的电视、平板或者手机只支持全高清（分辨率为 1920×1080）播放，那么观看视频的画质就只能达到全高清，而达不到 4K 水平。因此，建议在拍摄视频之前先确定输出端的分辨率上限，然后再确定相机视频的分辨率设置，从而避免因为过大的文件对存储和后期等操作造成不必要的负担。

要特别注意的是，设置与视频录制相关的菜单，需要在相机模式拨盘上切换至视频录制模式。

❶ 在**拍摄菜单**的第1页**影像质量/记录**中，点击选择**文件格式**选项

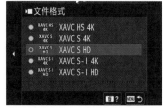

❷ 点击选择所需的文件格式选项

理解视频制式

不同国家和地区的电视台所播放视频的帧频是有统一规定的，称为电视制式。目前，世界上共有两种电视制式，分别为北美、日本、韩国、墨西哥等国家使用的 NTSC 制式和中国、欧洲各国、俄罗斯、澳大利亚等国家使用的 PAL 制式。

需要注意的是，只有在所拍视频需要在电视台播放时，才会对视频制式有严格要求。如果只是上传到视频平台，选择任意视频制式均可正常播放。

❶ 在**设置菜单**的第1页**区域/日期**中，点击选择**NTSC/PAL选择器**选项

❷ 点击选择**确定**选项

理解视频帧频

无论选择哪种视频制式，均有多种帧频可供选择。帧频也被称为 fps，是指一个视频中每秒展示出来的画面数，在索尼相机中以单位 P 表示。例如，一般电影以每秒 24 张画面的速度播放，也就是一秒内在屏幕上连续显示出 24 张静止画面，其帧频为 24P。由于视觉暂留效应，使观众感觉电影中的人像是动态的。

很显然，每秒显示的画面数越多，视觉动态效果就越流畅；反之，如果画面数少，观看时就会有卡顿感。因此，在录制景物高速运动的视频时，建议设置为较高的帧频，从而尽量让每一个动作都更清晰、流畅；而在录制访谈、会议等视频时，使用较低帧频录制即可。

当然，如果录制条件允许，建议以高帧数录制，这样可以在后期处理时拥有更多处理可能性，如达到慢镜头效果。

❶ 在**拍摄菜单**的第1页**影像质量/记录**中，点击选择▶■**动态影像设置**选项　❷ 点击选择**记录帧速率**选项　❸ 点击选择所需选项

理解视频码率

码率又称比特率，是指每秒传送的比特（bit）数，单位为 bps（Bit Per Second）。码率越高，每秒传送的数据就越多，画质就越清晰，但相应的对存储卡的写入速度要求也越高。

在索尼 α7CⅡ微单相机中，可以通过"记录设置"菜单设置码率，在XAVC S-I 4K分辨率模式下，最高可支持600Mbps视频拍摄。

值得一提的是，如果要录制码率为600Mbps的视频，需要使用V90或以上的SDXC存储卡，否则将无法正常拍摄。而且由于码率过高，视频尺寸也会变大。

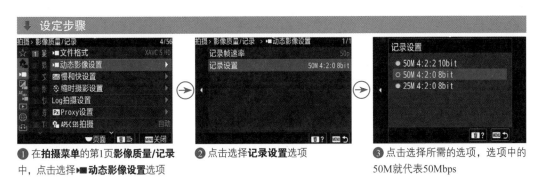

❶ 在**拍摄菜单**的第1页**影像质量/记录**中，点击选择▶■**动态影像设置**选项　❷ 点击选择**记录设置**选项　❸ 点击选择所需的选项，选项中的50M就代表50Mbps

理解视频色深

色深作为一个色彩专有名词，在拍摄照片、录制视频，以及购买显示器时都会接触到，如8bit、10bit、12bit等。这个参数其实是表示记录或者显示的照片或视频的颜色数量。

理解色深要先理解 RGB

在理解色深之前，先要理解RGB。RGB即三原色，分别为红（R）、绿（G）、蓝（B）。人们现在从显示器或者电视上看到的任何一种色彩，都是通过红、绿、蓝这3种色彩进行混合而得到的。

但在混合过程中，当红、绿、蓝这3种色彩的深浅不同时，得到的色彩也不同。

假如面前有一个调色盘，里面先放上绿色的颜料，当分别混合深一点的红色和浅一点的红色时，其得到的色彩肯定不同。那么当手中有10种不同深浅的红色和一种绿色时，那么就能调配出10种色彩。所以颜色的深浅就与可以呈现的色彩数量产生了关系。

理解灰阶

上文所说的色彩的深浅，用专业的说法其实就是灰阶。不同的灰阶是以亮度作为区分的，比如右上图所示为16个灰阶。

而当颜色也具有不同的亮度，也就是具有不同灰阶时，表现出来的其实就是所谓色彩的深浅不同，如右下图所示。

理解色深

做好了铺垫，色深就比较好理解了。首先色深的单位是bit，1bit代表具有2个灰阶，也就是一种颜色具有2种不同的深浅；2bit代表具有4个灰阶，也就是一种颜色具有4种不同的深浅色；3bit代表8种……

所以Nbit，就代表一种颜色包含2的N次方种不同深浅的颜色。

若色深为8bit，就可以理解为有 2 的 8 次方，即 256 种深浅不同的红色，256 种深浅不同的绿色和 256 种深浅不同的蓝色。

这些颜色一共能混合出 $256 \times 256 \times 256 = 16777216$ 种色彩。

用索尼 α7C Ⅱ 微单相机拍摄的视频色彩深度可以选择 10bit 和 8bit，如果选择8bit，则表示可以记录 16777216 种色彩。所以说色深是表示色彩数量的一个概念。

❶ 在**拍摄菜单**的第1页**影像质量/记录**中，点击选择▶■**动态影像设置**选项，在此界面中选择**记录设置**选项

❷ 点击选择所需选项

理解视频色度采样

相信各位读者一定在视频录制参数中看到过"采样422""采样420"等描述，那么这里的"采样422"和"采样420"到底是什么含义呢？

认识 YUV 格式

事实上，无论是 420 还是 422 均为色度采样的简写，其正常写法应该是 YUV4：2：0 和 YUV4：2：2。

YUV 格式也被称为 YCbCr，是为了替代 RGB 格式而存在的，其目的在于兼容黑白电视和彩色电视。因为 Y 表示亮度，U 和 V 表示色差。这样当黑白电视使用该信号时，则只读取 Y 数值，也就是亮度数值；而当彩色电视接收到 YUV 信号时，则可以将其转换为 RGB 信号，再显示颜色。

理解色度采样数值

下面再来讲解 YUV 格式中 3 个数字的含义。

通俗地讲，第一个数字 4，即代表亮度采样的像素数量；第二个数字代表了第一行进行色度采样的像素数量；第三个数字代表了第二行进行色度采样的像素数量。

所以这样算下来，同一个画面中，422 的采样就比 444 的采样丢掉了 50% 的色度信息，而 420 与 422 相比，又少了 50% 的色度信息。那么有些摄友可能会问，为何不能将所有视频均录制为 4：4：4 色度采样呢？

主要是因为通过研究发现，人眼对明暗比对色彩更敏感，所以在保证色彩正常显示的前提下，不需要每一个像素均进行色度采样，从而降低信息存储的压力。

因此在通常情况下，用 420 的采样拍摄也能获得不错的画面，但是在二级调色和抠像时，因为许多像素没有自己的色度值，所以后期上的空间也就相对较小了。

所以通过降低色度采样来减少存储压力，或降低发送视频信号带宽，对于降低视频输出的成本是有利的；但较少的色彩信息对于视频后期处理来说是不利的。因此在选择视频录制设备时，应尽量选择色度采样数值较高的设备。

▲ YUV4：4：4 色度采样示例图

▲ 左图为 4：2：2 色度采样，右图为 4：2：0 色度采样。在色彩显示上能看出些许差异

▲ YUV4：2：2 色度采样示例图

视频拍摄稳定设备

手持式稳定器

在手持相机的情况下拍摄视频，往往会产生明显的抖动。这时就需要使用可以让画面更稳定的器材，比如手持稳定器。

这种稳定器的操作无须练习，只需选择相应的模式，就可以拍出比较稳定的画面，而且体积小、重量轻，非常适合业余视频爱好者使用。

在拍摄过程中，稳定器会不断自动进行调整，从而抵消掉手抖或在移动时造成的相机震动。

由于此类稳定器是电动的，所以在搭配上手机 App 后，可以实现一键拍摄全景、延时、慢门轨迹等特殊功能。

▲ 手持式稳定器

摄像专用三脚架

与便携的摄影三脚架相比，摄像三脚架为了更好的稳定性而牺牲了便携性。

一般来讲，摄影三脚架在3个方向上各有1根脚管，也就是三脚管。而摄像三脚架在3个方向上最少各有3根脚管，也就是共有9根脚管，再加上底部的脚管连接设计，其稳定性要高于摄影三脚架。另外，脚管数量越多的摄像专用三脚架，其最大高度也更高。

对于云台，为了在摄像时能够实现在单一方向上精确、稳定地转换视角，摄像三脚架一般使用带摇杆的三维云台。

滑轨

相比稳定器，利用滑轨移动相机录制视频可以获得更稳定、更流畅的镜头表现。利用滑轨进行移镜、推镜等运镜时，可以呈现出电影级的效果，所以是更专业的视频录制设备。

另外，如果希望在录制延时视频时呈现一定的运镜效果，准备一个电动滑轨就十分有必要。因为电动滑轨可以实现微小的、匀速的持续移动，从而在短距离的移动过程中，拍摄下多张延时素材，这样通过后期合成，就可以得到连贯的、顺畅的、带有运镜效果的延时摄影画面。

▲ 摄像专用三脚架

▲ 滑轨

视频拍摄采音设备

在室外或者不够安静的室内录制视频时，单纯通过相机自带的麦克风和声音设置往往无法得到满意的采音效果，这时就需要使用外接麦克风来提高视频中的音质。

无线领夹麦克风

无线领夹麦克风也被称为"小蜜蜂"。其优点在于小巧便携，并且可以在不面对镜头，或者在运动过程中进行收音；但缺点是当需要对多人采音时，则需要准备多个发射端，相对来说比较麻烦。另外，在录制采访视频时，也可以将"小蜜蜂"发射端拿在手里，当作"话筒"使用。

▲ 便携的"小蜜蜂"

枪式指向性麦克风

枪式指向性麦克风通常安装在相机的热靴上进行固定。

因此录制一些面对镜头说话的视频，比如讲解类、采访类视频时，就可以着重采集话筒前方的语音，避免周围环境带来的噪声。同时，在使用枪式麦克风时，也不用在身上佩戴麦克风，可以让被摄者的仪表更自然美观。

▲ 枪式指向性麦克风

为麦克风戴上防风罩

为避免户外录制视频时出现风噪声，建议各位为麦克风戴上防风罩。防风罩主要分为毛套防风罩和海绵防风罩，其中海绵防风罩也被称为防喷罩。

一般来说，户外拍摄建议使用毛套防风罩，其效果比海绵防风罩更好。

而在室内录制时，使用海绵防风罩即可，不仅能起到去除杂音的作用，还可以防止唾液喷入麦克风，这也是海绵防风罩也被称为防喷罩的原因。

▲ 毛套防风罩

▲ 海绵防风罩

视频拍摄灯光设备

在室内录制视频时，如果利用自然光来照明，那么如果录制时间稍长，光线就会发生变化。比如，下午2点到5点，光线的强度和色温都在不断降低，导致画面出现由亮到暗、由色彩正常到色彩偏暖的变化，从而很难拍出画面影调、色彩一致的视频。而如果采用室内一般的灯光进行拍摄，灯光亮度又不够，打光效果也无法控制。所以，想录制出效果更好的视频，一些比较专业的室内灯光是必不可少的。

简单实用的平板 LED 灯

一般来讲，在拍摄视频时往往需要比较柔和的灯光，让画面中不会出现明显的阴影，并且呈现柔和的明暗过渡。而在不增加任何其他配件的情况下，平板LED灯本身就能通过大面积的灯珠打出比较柔和的光。

当然，也可以为平板LED灯增加色片、柔光板等配件，让光质和光源色产生变化。

▲ 平板 LED 灯

更多可能的 COB 影视灯

这种灯的形状与影室闪光灯非常像，并且同样带有灯罩卡口，从而让影室闪光灯可用的配件在COB影视灯上均可使用，让灯光更可控。

常用的配件有雷达罩、柔光箱、标准罩和束光筒等，可以打出或柔和、或硬朗的光线。

因此，丰富的配件和光效是更多的人选择COB影视灯的原因。有时候人们也会把COB影视灯当作主灯，把平板LED灯辅助灯当作进行组合打光。

▲ COB 影视灯搭配柔光箱

短视频博主最爱的 LED 环形灯

如果不懂布光，或者不希望在布光上花费太多时间，只需要在面前放一盏LED环形灯，就可以均匀地打亮面部并形成眼神光了。

当然，LED环形灯也可以配合其他灯光使用，让面部光影更均匀。

▲ 环形灯

简单实用的三点布光法

三点布光法是拍摄短视频、微电影的常用布光方法。"三点"分别为位于主体侧前方的主光，以及另一侧的辅光和侧逆位的轮廓光。

这种布光方法既可以打亮主体，将主体与背景分离，还能够营造一定的层次感、造型感。

一般情况下，主光的光质相对辅光要硬一些，从而让主体形成一定的阴影，增加影调的层次感。既可以使用标准罩或蜂巢来营造硬光，也可以通过相对较远的灯位来提高光线的方向性。也正是这个原因，在三点布光法中，主光的距离往往比辅光要远一些。辅助光作为补充光线，其强度应该比主光弱，主要用来形成较为平缓的明暗对比。

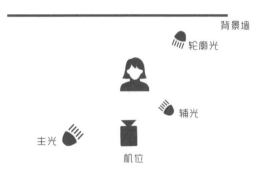

在三点布光法中，也可以不要轮廓光，而用背景光来代替，从而降低人物与背景的对比，让画面整体更明亮，影调也更自然。如果想为背景光加上不同颜色的色片，还可以通过色彩营造独特的画面氛围。

用氛围灯让视频更美观

前面讲解的灯光基本上只有将场景照亮的作用，但如果想让场景更美观，那么还需要购置氛围灯，从而为视频画面增加不同颜色的灯光效果。

例如，在右图所示的场景中，笔者的身后使用了两盏氛围灯，一盏能够自动改变颜色，一盏是恒定的暖黄色。下面展示的3个主播背景，同样使用了不同的氛围灯。

要布置氛围灯可以直接在电商网站上以"氛围灯"为关键词进行搜索，找到不同类型的灯具，也可以用"智能 LED 灯带"为关键词进行搜索，购买能按自己的设计布置成为任意形状的灯带。

视频拍摄外采、监看设备

视频拍摄外采设备也被称为监视器、记录仪和录机等，它的作用主要有两点。

提升视频画质

使用外采设备能拍摄更高质量视频，可以用HDMI电缆（另售）将索尼α7C II微单相机连接到配备HDMI外接的兼容设备。

提升监看效果

监视器面积更大，可以代替相机上的小屏幕，使创作者能看到更精细的画面。由于监视器的亮度普遍更高，所以即便在户外的强光下，也可以清晰地看到录制效果。

有些相机的液晶屏没有翻转功能，或者可以翻转但程度有限。使用有翻转功能的外接监视器，可以方便创作者以多个角度监看视频拍摄画面。

利用监视器还可以直接将相机以S-log曲线录制的画面转换为HDR效果，让创作者直接看到最终模拟效果。

有些监视器不仅支持触屏操作，还有完善的辅助构图、曝光、焦点控制工具，可以弥补相机的功能短板。

▲ 外采设备

用外接电源进行长时间录制

在进行持续的长时间视频录制时，一块电池的电量很有可能不够用。而如果更换电池，则势必会导致拍摄中断。为了解决这个问题，各位可以使用外接电源进行连续录制。

由于外接电源可以使用充电宝进行供电，因此只需购买一块大容量的充电宝，就可以大大延长视频录制时间。

另外，如果在室内固定机位进行录制，还可以选择直接连接插座的外接电源进行供电，从而完全避免在长时间拍摄过程中出现电量不足的问题。

▲ 可直连插座的外接电源

▲ 可连接移动电源的外接电源

▲ 通过外接电源让充电宝给相机供电

第 7 章

拍视频必学的镜头语言

推镜头的 6 大作用

强调主体

推镜头是指镜头从全景或别的大景位由远及近，向被摄对象推进拍摄，最后使景别逐渐变成近景或特写镜头，最常用于强调画面的主体。例如，下面的组图展示了一个通过推镜头强调居中在讲解的女孩的效果。

突出细节

推镜头可以通过放大来突出事物细节或人物表情、动作，从而使观众得以知晓剧情的重点在哪里，以及人物对当前事件的反应。例如，在早期的很多谈话类节目中，当被摄对象谈到伤心处，摄影师都会推上一个特写，展现含满泪花的眼睛。

引入角色及剧情

推镜头这种景别逐渐变小的运镜方式进入感极强，也常被用于视频的开场，在交代地点、时间、环境等信息后，正式引入主角或主要剧情。许多导演都会把开场的任务交给气势恢宏的推镜头，从大环境逐步过渡到具体的故事场景，如徐克的《龙门飞甲》。

制造悬念

当推镜头作为一组镜头的开始镜头使用时，往往可以制造悬念。例如，一个逐渐推进角色震惊表情的镜头可以引发观众的好奇心——角色到底看到了什么才会如此震惊？

改变视频的节奏

通过改变推镜头的速度可以影响和调整画面节奏，一个缓慢向前推进的镜头给人一种冷静思考的感觉，而一个快速向前推进的镜头给人一种突然间有所醒悟、有所发现的感觉。

减弱运动感

当以全景表现运动的角色时，速度感是显而易见的。但如果以推镜头到特写的景别来表现角色，则会由于没有对比弱化运动感。

拉镜头的 6 大作用

展现主体与环境的关系

拉镜头是指摄影师通过拖动摄影器材或以变焦的方式，将视频画面从近景逐渐变换到中景甚至全景的操作，常用于表现主体与环境关系。例如，下面的拉镜头展现了模特与直播间的关系。

以小见大

例如，先特写面包店剥落的油漆、被打破的玻璃窗，然后逐渐后拉呈现一场灾难后的城市。这个镜头就可以把整个城市的破败与面包店连接起来，有以小见大的作用。

体现主体的孤立、失落感

拉镜头可以将主体孤立起来。比如，一个女人站在站台上，火车载着她唯一孩子逐渐离去，架在火车上的摄影机逐渐远离女人，就能很好地体现出她的失落感。

引入新的角色

在后拉过程中，可以非常合理地引入新的角色、元素。例如，在一间办公室中，领导正在办公，通过后拉镜头的操作，将旁边整理文件的秘书引入画面，并与领导产生互动，如果空间够大，还可以继续后拉，引入坐在旁边焦急等待的办事群众。

营造反差

在后拉镜头的过程中，由于引入了新的元素，因此可以借助新元素与原始信息营造反差。例如，特写一个身着凉爽服装的女孩，镜头后拉，展现的环境却是冰天雪地。

又如，特写一个正襟危坐、西装革履的主持人，镜头拉远之后，却发现他穿的是短裤、拖鞋。

营造告别感

拉镜头从视频效果上看起来是观众在后退，从故事中抽离出去，这种退出感、终止感具有很强的告别意味。因此，如果视频找不到合适的结束镜头，不妨试一下拉镜头。

摇镜头的6大作用

介绍环境

摇镜头是指机位固定,通过旋转摄影器材进行拍摄,分为水平摇拍及垂直摇拍。左右水平摇镜头适合拍摄壮阔的场景,如山脉、沙漠、海洋、草原和战场;上下摇镜头适用于展示人物或建筑的雄伟,也可用于展现峭壁的险峻。

模拟审视观察

摇镜头的视觉效果类似于一个人站在原地不动,通过水平或垂直转动头部,仔细观察所处的环境。摇镜头的重点不是起幅或落幅,而是在整个摇动过程中展现的信息,因此不宜过快。

强调逻辑关联

摇镜头可以暗示两个不同元素间的一种逻辑关系。例如,当镜头先拍摄角色,再随着角色的目光摇镜头拍摄衣橱,观众就能明白两者之间的联系。

转场过渡

在一个起幅画面后,利用极快的摇摄使画面中的影像全部虚化,过渡到下一个场景,可以给人一种时空穿梭的感觉。

表现动感

当拍摄运动的对象时,先拍摄其由远到近的动态,再利用摇镜头表现其经过摄影机后由近到远的动态,可以很好地表现运动物体的动态、动势、运动方向和运动轨迹。

组接主观镜头

当前一个镜头表现的是一个人环视四周,下一个镜头就应该用摇镜头表现其观看到的空间,即利用摇镜头表现角色的主观视线。

移镜头的 4 大作用

赋予画面流动感

移镜头是指拍摄时摄影机在一个水平面上左右或上下移动（在纵深方向移动则为推/拉镜头）进行拍摄，拍摄时摄影机有可能被安装在移动轨上或安装在配滑轮的脚架上，也有可能被安装在升降机上进行滑动拍摄。由于采用移镜头方式拍摄时，机位是移动的，所以画面具有一定的流动感，这会让观众感觉仿佛置身于画面中，视频画面更有艺术感染力。

展示环境

移镜头展示环境的作用与摇镜头十分相似，但由于移镜头打破了机位固定的限制，可以随意移动，甚至可以越过遮挡物展示空间的纵深感，因而移镜头表现的空间比摇镜头更有层次，视觉效果更为强烈。

最常见的是，在旅行过程中，将拍摄器材贴在车窗上拍摄快速后退的外景。

模拟主观视角

以移镜头的运动形式拍摄的视频画面，可以形成角色的主观视角，展示被摄角色以穿堂入室、翻墙过窗、移动逡巡的形式看到的景物。这样的画面能给观众很强的代入感，有身临其境的感受。

在拍摄商品展示、美食类视频时，常用这种运镜方式模拟仔细观察、检视的过程。此时，手持拍摄设备缓慢移动进行拍摄即可。

创造更丰富的动感视角

在具体拍摄时，如果拍摄条件有限，摄影师可能更多地采用简单的水平或垂直移镜拍摄，但如果有更大的团队、更好的器材，可综合使用移镜、摇镜及推拉镜头，以创造更丰富的动感视角。

跟镜头的 3 种拍摄方式

跟镜头又称"跟拍"，是跟随被摄对象进行拍摄的镜头运动方式。跟镜头可连续而详尽地表现角色在行动中的动作和表情，既能突出运动中的主体，又能交代动体的运动方向、速度、体态及其与环境的关系。按摄影机的方位可以分为前跟、后跟（背跟）和侧跟 3 种方式。

前跟常用于采访，即拍摄器材在人物前方，形成"边走边说"的效果。

体育视频通常为侧面拍摄，表现运动员运动的姿态。

后跟用于追随线索人物游走于一个大场景之中，将一个超大空间里的方方面面一一介绍清楚，同时保证时空的完整性。根据剧情，还可以表现角色被追赶、跟踪的效果。

升降镜头的作用

上升镜头是指相机的机位慢慢升起，从而表现被摄体的高大。在影视剧中，也被用来表现悬念；而下降镜头的方向则与之相反。升降镜头的特点在于能够改变镜头和画面的空间，有助于增强戏剧效果。

例如，在电影《一路响叮当》中，使用了升镜头来表现高大的圣诞老人角色。

在电影《盗梦空间》中，使用升镜头表现折叠起来的城市。

需要注意的是，不要将升降镜头与摇镜头混为一谈。比如，机位不动，仅将镜头仰起，此为摇镜头，展现的是拍摄角度的变化，而不是高度的变化。

甩镜头的作用

甩镜头是指一个画面拍摄结束后,迅速旋转镜头到另一个方向的镜头运动方式。由于甩镜头时,画面的运动速度非常快,所以该部分画面内容是模糊不清的,但这正好符合人眼的视觉习惯(与快速转头时的视觉感受一致),所以会给观赏者带来较强的临场感。

值得一提的是,甩镜头既可以在同一场景中的两个不同主体间快速转换,模拟人眼的视觉效果;也可以在甩镜头后直接接入另一个场景的画面(通过后期剪辑进行拼接),从而表现在同一时间、不同空间中并列发生的事情,此法在影视剧制作中经常出现。在电影《爆裂鼓手》中有一段精彩的甩镜头示范,镜头在老师与学生间不断甩动,体现了两者之间的默契与音乐的律动。

环绕镜头的作用

将移镜头与摇镜头组合起来,就可以实现一种比较炫酷的运镜方式——环绕镜头。

实现环绕镜头最简单的方法,就是将相机安装在稳定器上,然后手持稳定器,在尽量保持相机稳定的前提下绕人物走一圈儿,也可以使用环形滑轨。

通过环绕镜头可以360°全方位地展现主体,经常用于突出新登场的人物,或者展示景物的精致细节。

例如,一个领袖发表演说,摄影机在他们后面做半圆形移动,使领袖保持在画面的中央,这就突出了一个中心人物。在电影《复仇者联盟》中,当多个人员集结时,也使用了这样的镜头来表现集体的力量。

镜头语言之"起幅"与"落幅"

无论使用前面讲述的推、拉、摇、移等诸多种运动镜头中的哪一种，在拍摄时这个镜头通常都是由3部分组成的，即起幅、运动过程和落幅。

理解"起幅"与"落幅"的含义和作用

起幅是指在运动镜头开始时的画面。即从固定镜头逐渐转为运动镜头的过程中，拍摄的第一个画面被称为起幅。

为了让运动镜头之间的衔接没有跳动感、割裂感，往往需要在运动镜头的结尾处逐渐转为固定镜头，称为落幅。

除了可以让镜头之间的衔接更加自然、连贯，起幅和落幅还可以让观赏者在运动镜头中看清画面中的场景。其中起幅与落幅的时长一般为1秒左右，如果画面信息量比较大，如远景镜头，则可以适当延长时间。

在使用推、拉、摇、移等运镜手法进行拍摄时，都以落幅为重点，落幅画面的视频焦点或重心是整个段落的核心。

如右侧图中上方为起幅，下方为落幅。

起幅与落幅的拍摄要求

由于起幅和落幅是固定镜头，考虑到画面美感，在构图时要严谨。尤其是在拍摄到落幅阶段时，镜头停稳的位置、画面中主体的位置和所包含的景物均要进行精心设计。

如右侧图上方起幅使用V形构图，下方落幅使用水平线构图。

停稳的时间也要恰到好处。过晚进入落幅，则在与下一段起幅衔接时会出现割裂感，而过早进入落幅，又会导致镜头停滞时间过长，让画面显得僵硬、死板。

在镜头开始运动和停止运动的过程中，镜头速度的变化要尽量均匀、平稳，从而让镜头衔接更加自然、顺畅。

空镜头、主观镜头与客观镜头

空镜头的作用

空镜头又称景物镜头，根据镜头所拍摄的内容，可分为写景空镜头和写物空镜头。写景空镜头多为全景、远景，也称为风景镜头；写物空镜头则大多为特写和近景。

空镜头的作用有渲染气氛，也可以用来借景抒情。

例如，当在一档反腐视频节目结束时，旁白是"留给他的将是监狱中的漫漫人生"，画面是监狱高墙及墙上的电网，并且随着背景音乐逐渐模糊直到黑场。这个空镜头暗示了节目主人公余生将在高墙内度过，未来的漫漫人生将是灰暗的。

此外，还可以利用空镜头进行时空过渡。

镜头一：中景，小男孩走出家门。

镜头二：全景，森林。

镜头三：近景，树木局部。

镜头四：中景，小男孩在森林中行走。

在这组镜头中，镜头二与镜头三均为空镜，很好地起到了时空过渡的效果。

客观镜头的作用

客观镜头的视点模拟的是旁观者或导演的视点，对镜头所展示的事情不参与、不判断、不评论，只是让观众有身临其境之感，所以也称为中间镜头。

新闻报道就大量使用了客观镜头，只报道新闻事件的状况、发生的原因和造成的后果，不做任何主观评论，让观众去评判、思考。画面是客观的，内容是客观的，记者立场也是客观的，从而达到新闻报道客观、公正的目的。例如，下面是一个记录白天鹅栖息地的纪录片截图。

客观镜头的客观性包括两层含义。

客观反映对象自身的真实性。

对拍摄对象的客观描述。

主观镜头的作用

从摄影的角度来说，主观性镜头就是摄影机模拟人的观察视角，视频画面展现人观察到的情景，这样的画面具有较强的代入感，也被称为第一视角画面。

例如，在电影中，当角色通过望远镜观察时，下一个镜头通常都会模拟通过望远镜观看到的景物，这就是典型的第一视角主观性镜头。

网络上常见的美食制作讲解、台球技术讲解、骑行风光、跳伞、测评等类型的视频，多数采用主观性镜头。在拍摄这样的主观镜头时，多数采用将 GoPro 等便携式摄像设备固定在拍摄者身上的方式，有时也会采用手持式拍摄，因为画面的晃动能更好地模拟一个人的运动感，将观众带入情节画面。

在拍摄剧情类视频时，一个典型的主观镜头，通常是由一组镜头构成的，以告诉观众谁在看、看什么、看到后的反应及如何看。

回答这四个问题可以安排下面这样一组镜头。

一镜是人物的正面镜头，这个镜头要强调看的动作，回答是谁在看。

二镜是人物的主观性镜头，这个镜头要强调所看到的内容，回答人物在看什么。

三镜是人物的反应镜头，这个镜头侧重强调看到后的情绪，如震惊、喜悦等。

四镜是带关系的主观镜头，一般是将拍摄器材放在人物的后面，以高于肩膀的高度拍摄。这个镜头提示看与被看的关系，体现二者的空间关系。

第 8 章
拍摄视频步骤详解

录制视频的简易流程

下面讲解索尼 α7C Ⅱ相机拍摄视频短片的简单流程。

❶ 将静止影像／动态影像／S&Q 旋钮设置为动态影像图标▶■ 以选择动态影像录制模式。

❷ 转动模式旋钮，选择 AUTO 或 S、M 挡模式。

❸ 设置视频文件格式及动态影像设置菜单选项。

❹ 通过自动或手动的方式先对主体进行对焦。

❺ 按下红色的 MOVIE 按钮，即可开始录制短片。录制完成后，再次按下红色的 MOVIE 按钮结束录制。

▲ 选择动态影像录制模式和切换曝光模式　　▲ 在拍摄前，可以先进行对焦　　▲ 按下红色的 MOVIE 按钮即可开始录制

　　虽然上面的流程看上去很简单，但实际上在这个过程中涉及若干知识点，如设置视频短片参数、设置视频拍摄模式、设置视频对焦模式、设置视频自动对焦敏感度和设置录音参数等，只有真正理解并正确设置这些参数，才能录制出合格的视频。下面将通过若干个小节讲解上述知识点。

设置视频格式及画质

　　与设置照片的尺寸画质一样，录制视频时也需要关注视频文件的相关参数，如果录制的视频只是家用的普通记录短片，采用全高清分辨率即可，但是如果作为商业短片，可能需要录制高帧频的 4K 甚至 8K 视频，所以在录制视频之前一定要设置好视频的参数。

设置文件格式（视频）

　　在"文件格式"菜单中可以选择动态影像的录制格式，包含"XAVC HS 4K""XAVC S 4K""XAVC S HD""XAVC S-I 4K""XAVC S-I HD"等选项。

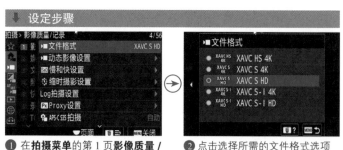

❶ 在**拍摄菜单**的第 1 页**影像质量／记录**中，点击选择▶■**文件格式**选项　　❷ 点击选择所需的文件格式选项

● XAVC HS 4K：选择此选项，以4K分辨率（3840×2160）记录XAVC HS标准的视频。XAVC HS格式采用HEVC编解码器，其具有较高的压缩效率。相机可以录制比XAVC S动态影像具有更高影像质量的动态影像，而数据量相同。动态影像使用Long GOP压缩，最高码率可达到200M。

● XAVC S 4K：选择此选项，以4K分辨率（3840×2160）记录XAVC S标准的视频，动态影像使用Long GOP压缩。

● XAVC S HD：选择此选项，以高清分辨率（1920×1080）记录XAVC S标准的视频，动态影像使用Long GOP压缩。

● XAVC S-I 4K：选择此选项，记录XAVC S-I格式的4K视频。XAVC S-I格式采用Intra压缩方式压缩视频，比Long GOP压缩的视频更适于编辑。

● XAVC S-I HD：选择此选项，记录XAVC S-I格式的HD视频，采用Intra压缩方式压缩视频。

Q：XAVC HS与XAVC S格式的区别是什么？

A：XAVC S使用H.264编码格式压缩，可以在计算机上很好地播放，优点是文件较小，能拍摄更长的时间。XAVC HS使用了新的更有效率的H.265编码格式，视频文件更小、质量更高。但大多数剪辑软件对H.265支持的比较有限，而且流畅剪辑对电脑配置需求较高，对显卡的硬件解码也有要求。

设置"记录设置"

在"记录设置"菜单中可以选择录制视频的帧速率和影像质量。选择不同的选项进行拍摄，所获得的视频清晰度不同，占用的空间也不同。

索尼 α7C Ⅱ微单相机支持的视频记录尺寸和设定步骤如下图所示。

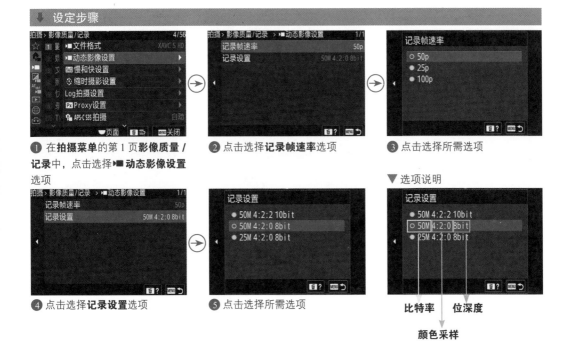

设定步骤

❶ 在**拍摄菜单**的第1页**影像质量/记录**中，点击选择**▶■动态影像设置**选项

❷ 点击选择**记录帧速率**选项

❸ 点击选择所需选项

❹ 点击选择**记录设置**选项

❺ 点击选择所需选项

▼ 选项说明

比特率　位深度

颜色采样

认识索尼 α7C Ⅱ 的视频拍摄功能

在视频拍摄模式下，屏幕会显示若干参数，了解这些参数的含义有助于摄影师快速调整相关参数，以提高录制视频的效率、成功率及品质。

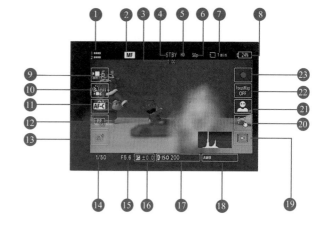

❶ 音频电平

❷ 对焦模式

❸ 动态影像的实际拍摄时间

❹ 动态影像录制待机/动态影像录制进行中

❺ 动态影像的文件格式

❻ 动态影像的帧速率

❼ 存储卡上可记录的动态影像时间

❽ 剩余电池电量

❾ 拍摄设置存储

❿ 自拍定时

⓫ 对焦模式

⓬ 图片配置文件

⓭ 创意外观

⓮ 快门速度

⓯ 光圈

⓰ 曝光补偿

⓱ 感光度

⓲ 自动白平衡

⓳ 播放动态影像

⓴ 拍摄期间的触摸功能

㉑ 识别目标

㉒ 焦点图

㉓ 动态影像录制

在拍摄视频的过程中，仍然可以切换光圈、快门速度等参数，其方法与拍摄静态照片时的设置方法基本相同，此处不再进行详细讲解。

在拍摄视频的过程中，连续按 DISP 按钮，可以在不同的信息显示内容之间进行切换，从而以不同的取景模式进行显示，如右图所示。

▲ 显示全部信息

▲ 显示部分信息

▲ 柱状图

▲ 数字水平量规

设置视频拍摄模式

与拍摄照片一样，拍摄视频时，也可以采用多种不同的曝光模式，如自动曝光模式、光圈优先曝光模式、快门优先曝光模式、全手动曝光模式等。

如果对曝光要素不太理解，可以直接将拍摄模式设定为自动曝光或程序自动曝光模式。

如果希望精确控制画面的亮度，可以将拍摄模式设置为全手动曝光模式。但在这种拍摄模式下，需要摄影师手动控制光圈、快门速度和感光度3个曝光要素，下面分别讲解这3个要素的设置思路。

光圈：如果希望拍摄的视频场景具有电影效果，可以将光圈设置得稍微大一点，从而虚化背景，获得浅景深效果。反之，如果希望拍摄出来的视频画面远近都比较清晰，就需要将光圈设置得稍微小一点。

感光度：在设置感光度时，主要考虑整个场景的光照，如果光照不充分，可以将感光度设置得稍微大一点，反之则可以降低感光度，以获得较为优质的画面。

快门速度：对于视频的影响比较大，因此在下面做详细讲解。

理解快门速度对视频的影响

在曝光三要素中，光圈、感光度无论在拍摄照片还是拍摄视频时，其作用都是一样的，但唯独快门速度对于视频录制具有特殊的意义，因此值得详细讲解。

根据帧频确定快门速度

从视频效果来看，众多摄影师总结出来的经验是应该将快门速度设置为帧频2倍的倒数。此时录制出来的视频中运动物体的表现是最符合肉眼观察效果的。

例如，视频的帧频为25P，那么快门速度应设置为1/50秒（25乘以2等于50，再取倒数，为1/50）。同理，如果帧频为50P，则快门速度应设置为1/100秒。

但这并不是说在录制视频时快门速度只能锁定不变，在某些特殊情况下，需要利用快门速度调节画面亮度时，在一定范围内进行调整是没有问题的。

快门速度对视频效果的影响

拍摄视频的最低快门速度

当需要降低快门速度提高画面亮度时，不能低于帧频的倒数。例如，帧频为25P时，快门速度不能低于1/25秒。

▲ 在昏暗环境下录制时可以适当降低快门速度，以保证画面亮度

拍摄视频的最高快门速度

当需要提高快门速度降低画面亮度时，其实对快门速度的上限并没有硬性要求。当快门速度过高时，由于每一个动作都会被清晰定格，从而导致画面看起来很不自然，甚至会出现失真现象。

造成此点的原因是因为人的眼睛有视觉暂留现象，也就是看到高速运动的景物时，会出现动态模糊的效果。而当使用过高的快门速度录制视频时，运动模糊消失了，取而代之的是清晰的影像。例如，在录制一些高速奔跑的景象时，由于双腿每次摆动的画面都是清晰的，就会看到很多只腿运用的画面，也就导致了画面失真、不正常。

因此，在录制视频时，快门速度最好不要高于最佳快门速度的 2 倍。

▲ 电影画面中的人物进行快速移动时，画面中出现动态模糊效果是正常的

低光照下使用自动低速快门

当在光线不断发生变化的复杂环境中拍摄时，有时被摄体会比较暗。通过将"自动低速快门"设置为"开"，当被摄体较暗时，相机会自动降低快门速度来获得曝光正常的画面；而选择"关"选项时，虽然录制的画面会比选择"开"选项时暗，但是被摄体会更清晰一些，因此能够更好地拍摄动作。

❶ 在**曝光/颜色菜单**的第 1 页**曝光**中，点击选择**自动低速快门**选项

❷ 点击选择**开**或**关**选项

设置视频对焦参数

设置视频录制时的对焦模式

在使用索尼 α7C Ⅱ 微单相机拍摄视频时，可以选择的对焦模式与拍摄照片时相同，但笔者建议设置下面两种对焦模式：一种是连续自动对焦，另一种是手动对焦。

在连续自动对焦模式下，只要保持半按快门按钮，相机就会对被摄对象持续对焦，合焦后，屏幕将点亮◉图标。

当用自动对焦无法对想要的被摄体合焦时，建议改用手动对焦进行操作。

▲ 操作方法

在拍摄待机屏幕显示下，按Fn按钮，然后按方向键选择对焦模式选项，转动前转盘选择所需的对焦模式

选择自动对焦区域模式

在拍摄视频时，可以根据要选择对象或对焦需求，选择不同的自动对焦区域模式，索尼 α7C Ⅱ 微单相机在视频模式下可以选择 5 种自动对焦区域模式。

● 广域自动对焦区域▢：选择此对焦区域模式后，在执行对焦操作时，相机将利用自己的智能判断系统决定当前拍摄的场景中哪个区域应该最清晰，从而利用相机可用的对焦点针对这一区域进行对焦。

● 区自动对焦区域▦：使用此对焦区域模式时，先在液晶显示屏上选择想要对焦的区域位置，对焦区域内包含数个对焦点，在拍摄时，相机自动在所选对焦区范围内选择合焦的对焦框。

● 中间自动对焦区域▣：使用此对焦区域模式时，相机始终使用位于屏幕中央区域的自动对焦点进行对焦。

● 点自动对焦区域▦：选择此对焦区域模式时，相机只使用一个对焦点进行对焦操作，摄影师可以使用上、下、左、右方向键自由确定此对焦点所处的位置。

● 扩展点自动对焦区域▦：选择此对焦区域模式时，摄影师可以使用方向键选择一个对焦点。与点模式不同的是，摄影师所选的对焦点周围还分布了一圈辅助对焦点，若拍摄对象暂时偏离所选对焦点，则相机会自动使用周围的对焦点进行对焦。

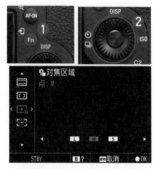

▲ 操作方法

在拍摄待机屏幕显示下，按Fn按钮，然后按方向键选择对焦区域选项，然后转动前转盘选择所需的对焦区域选项。当选择了点选项时，可以转动后转盘 L 选择所需的选项

设置视频自动对焦时的跟踪灵敏度

AF 摄体转移敏度

在录制视频时，可通过此菜单设置在拍摄过程中，当原来的被摄对象离开对焦区域时，相机对焦点切换至另一个对象上的灵敏度。

数值向"1"端设置，灵敏度偏向锁定，可以使相机在自动对焦点丢失原始被摄对象的情况下，也不太可能追踪其他被摄对象。设置的负数值越低，相机追踪其他被摄体的概率越小。这样的设置可以在摇摄期间或者有障碍物经过自动对焦点时，防止自动对焦点立即追踪非被摄对象的其他物体。

数值向"5"端设置，灵敏度偏向响应，可以使相机在追踪覆盖自动对焦点的被摄对象时更敏感。设置数值越高，则对焦越敏感。这样的设置适用于想要持续追踪快速移动的运动被摄对象时，或者要快速对焦其他被摄对象时的录制场景。

例如，在右图示中，摩托车手短暂被其他摄影师所遮挡，此时如果对焦灵敏度过高，焦点就会落在其他摄影师上，而无法跟随摩托车手，因此这个参数一定要根据当时拍摄的情况来灵活设置。

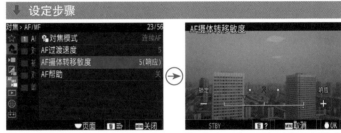

❶ 在**对焦菜单**的第1页 **AF/MF** 中，点击选择 **AF 摄体转移敏度**选项

❷ 点击 + 或 − 图标选择所需的数值，然后点击 图标确定

AF 过渡速度

在"AF 过渡速度"菜单中，可以设置录制视频时自动对焦的速度。

可以选择 7 个等级的数值，向 1 端设置就偏向低速，向 7 端设置就偏向高速。在录制体育运动等运动幅度很强的画面时，可以设定高速数值，而如果想要在被摄体移动期间平滑地进行对焦，则设定低速数值。

❶ 在**对焦菜单**的第1页 **AF/MF** 中，点击选择 **AF 过渡速度**选项

❷ 点击 + 或 − 图标选择所需的数值，然后点击 图标确定

设置焦点图功能辅助对焦

在录制视频时，可以通过"焦点图"菜单设置是否在画面中显示合焦区域与脱焦区域，以便用户更好地了解画面的对焦情况。

开启此功能后，在合焦范围内的画面不会显示标识点，而合焦点的后方区域会用冷色调的标识点表示（色彩示意如右图中的 A），而合焦点前方区域则会用暖色调的标识点表示（色彩示意如右图中的 B）。

❶ 在**对焦菜单**中点击选择第 4 页**对焦辅助**选项

❷ 点击选择**焦点图**选项

❸ 点击选择**开**或**关**选项

设置减震 WB 功能获得自然的视频色彩

在录制视频时，如果用户更改了"白平衡模式"或"AWB 优先级设置"菜单的选项，可以通过"减震 WB"菜单设置录制视频期间画面中白平衡的切换速度。

● 关：选择此选项，如果在录制视频期间更改了白平衡设置，则视频画面中的白平衡将立即切换，如果切换的白平衡色差明显，画面会过渡得比较生硬。

● 1（高速）/2/3（低速）：用户可以选择 1（高速）、2、3（低速）的切换速度数值，来控制录制视频期间白平衡的切换速度，使视频画面的白平衡变化更加流畅。

❶ 在**曝光/颜色菜单**的第 4 页**白平衡模式**中，点击选择**减震 WB** 选项

❷ 点击选择所需选项

设置录音参数并监听现场音

设置录音

在使用索尼 α7C II 微单相机录制视频时，可以通过"录音"菜单设置是否录制现场的声音。

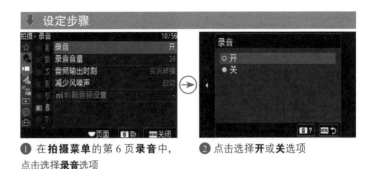

❶ 在**拍摄菜单**的第 6 页**录音**中，点击选择**录音**选项

❷ 点击选择**开**或**关**选项

设置录音音量

当开启录音功能时，可以通过"录音音量"菜单设置录音的等级。

在录制现场声音较大的视频时，设定较低的录音电平可以记录具有临场感的音频。

录制现场声音较小的视频时，设定较高的录音电平可以记录容易听取的音频。

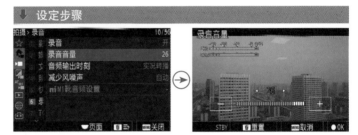

❶ 在**拍摄菜单**的第 6 页**录音**中，点击选择**录音音量**选项

❷ 点击 **+** 或 **−** 图标选择所需等级，然后点击 图标确定

减少风噪声

选择"自动"选项，相机会自动检测并减少风噪声；选择"开"选项，可以减弱通过内置麦克风进入的室外风噪声，包括某些低音调噪声；在无风的场所进行录制时，建议选择"关"选项，以便录制到更加自然的声音。

此功能对外置麦克风无效。

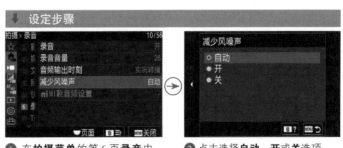

❶ 在**拍摄菜单**的第 6 页**录音**中，点击选择**减少风噪声**选项

❷ 点击选择**自动**、**开**或**关**选项

监听视频声音

在录制现场声音的视频时，监听视频声音非常重要。而且，这种监听需要持续整个录制过程。

因为在使用收音设备时，有可能因为没有更换电池或其他未知原因，导致现场声音没有被录制进视频。

有时现场可能有很低的嗡嗡噪声，这种声音是否会被录入视频，一个确认方法就是在录制时监听，也可以通过回放来核实。

通过将配备有 3.5mm 直径微型插头的耳机连接到相机的耳机端子上，即可在短片拍摄期间听到声音。

如果使用的是外接立体声麦克风，可以听到立体声声音。

 高手点拨：如果要对视频进行专业后期处理，那么现场即使有均衡的低噪声也不必过于担心，因为后期软件可以将这种噪声轻松去除。

▲ 耳机端口

兼容多接口热靴的音频附件

如果在录制视频时，在相机的多接口热靴上安装了 ECM-W2BT 无线麦克风，则可以通过多接口热靴录制模拟或数字音频。

ECM-W2BT 无线麦克风可以实现稳定的无线连接，可以录制高品质、低噪声的清晰音频，可以满足短视频拍摄、活动拍摄、直播和会议场景等拍摄需求。

▲ ECM-W2BT 无线麦克风

外出拍摄风光视频时，可以使用无线麦克风来录制自然的声音「焦距：20mm；光圈：F14；快门速度：1/1000s；感光度：ISO200」

设置斑马线功能查看视频曝光等级

斑马线显示

虽然通过直方图也可以看出画面曝光过度的区域，但直方图指示的区域不直观。而如果开启了"斑马线显示"功能，可以很直观地帮助用户发现所拍摄照片或视频中曝光过度的区域，当画面中出现斑马线区域，即表示该区域存在曝光过度，如果想要表现曝光过度区域的细节，就需要适当减少曝光。

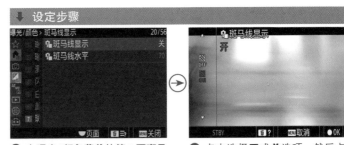

❶ 在**曝光/颜色菜单**的第 7 页**斑马线显示**中，点击选择**斑马线显示**选项

❷ 点击选择**开**或**关**选项，然后点击█图标确定

斑马线水平

在"斑马线水平"菜单中，用户可以选择斑马线的显示级别，可以在 70 ~ 100+ 的数值之间选择，也可以通过 C1 或 C2 选项，自定义设置在标准曝光、曝光过度或者曝光不足时显示斑马线的数值。多少数值的斑马线为标准曝光、曝光过度或者曝光不足的界线，需要用户去反复实践，不同的液晶显示屏或者画面拍摄需求，可能都会影响斑马线数值的设定。

❶ 在**曝光/颜色菜单**的第 7 页**斑马线显示**中，点击选择**斑马线水平**选项

❷ 在左侧列表中上下触摸滑动，然后点击选择一个数值

❸ 如果选择 **C1** 或 **C2** 选项，用户可以在此设定一个斑马线数值范围，设定完成后点击█图标确定

 高手点拨：根据笔者的拍摄经验，如果拍摄人像，标准曝光的斑马线亮度范围一般为60~70。所以，通过C1或C2选项，自定义斑马线的标准曝光的显示亮度为60，然后设置一个 ± 5的范围，这样，当斑马线显示时，就能知道画面是标准曝光了。

代理视频录制方法

在使用 4K 画质录制视频后，因为视频文件较大，在后期编辑时，容易出现软件卡顿或处理视频文件时间过长的情况，此时可以使用代理文件来实现快速编辑的目的。

虽然主流视频编辑软件中提供了转换代理文件的功能，但还是比较烦琐，索尼 α7C Ⅱ 微单相机考虑到这一点，提供了"Proxy 录制"功能。

当开启"Proxy 录制"功能后，相机在前期录制时能同步录制一个文件尺寸、比特率都比较小的代理视频文件，而编辑代理视频文件远比编辑高质量的视频文件的处理速度要快，当处理完成后，在渲染导出视频文件时，将代理视频文件替换成原始视频文件，便可以得到最终高质量的视频文件。

另外，因为 Proxy 录制的视频文件尺寸较小，因此还适合传输至智能手机或网络上。

▼ 设定步骤

❶ 在**拍摄菜单**的第 1 页**影像质量 / 记录**中，点击选择 **Proxy 设置**选项

❷ 点击选择 **Proxy 录制**选项

❸ 点击选择**开**或**关**选项

❹ 点击选择 **Proxy 文件格式**选项，可以修改代理视频文件格式

❺ 在此界面中点击选择所需的选项，建议选择 XAVC S HD

❻ 点击选择 **Proxy 记录设置**选项，可以设置代理视频文件的比特率、颜色采样和位深度

● Proxy 录制：用于选择是否同时录制 Proxy 视频。

● Proxy 文件格式：用于选择录制 Proxy 视频的记录格式。可以选择"XAVC HS HD"和"XAVC S HD"两个选项，选择"XAVC HS HD"选项时可以获得压缩率更多的视频文件，并且可以激活"Proxy 记录设置"选项。

● Proxy 记录设置：用于选择录制 Proxy 视频的比特率、颜色采样和位深度。选项中的数值越小，视频文件越小。

❼ 在此界面中点击选择所需选项

延时视频及慢动作视频录制方法

延时视频记录长时间的变化现象（如云彩、星空的变化，花卉开花的过程等），在播放时快速进行播放，从而能够在短时间内即可重现事物的变化过程，能够给人以强烈的视觉震撼。

快或慢动作视频分为快动作拍摄和慢动作拍摄两种。快动作拍摄是慢动作拍摄适合拍摄高速运动的题材（如飞溅的浪花、腾空的摩托车、起飞的鸟儿等），可以将短时间内的动作变化以更高的帧速率记录下来，并且在播放时可以用4倍或2倍慢速播放，使观众可以更清晰地看到运动中的每个细节。

⬇ 设定步骤

❶ 将静止影像/动态影像/S&Q 旋钮设为 S&Q 拍摄**延时动态影像**模式

❷ 在**拍摄菜单**的第4页**照相模式**中，选择S&Q ⏱ **拍摄模式**选项，然后在下级界面中选择**慢和快动作**选项

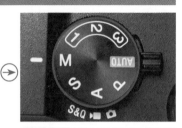

❸ 旋转模式旋钮选择所需的照相模式

❹ 在**拍摄菜单**的第1页**影像质量/记录**中，选择S&Q**慢和快设置**选项

❺ 点击**帧速率设置**选项

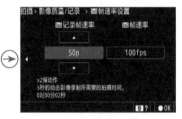

❻ 点击选择**记录帧速率**选项，点击▼▲图标选择所需的**记录帧速率**

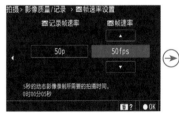

❼ 点击选择**帧速率**选项，然后点击▼▲图标选择所需的帧速率

❽ 如果在步骤❺中选择**记录设置**选项，在此界面中点击选择所需的选项

❾ 按红色的 **MOVIE** 按钮即可开始录制，录制完成后再次按 **MOVIE** 按钮结束录制

在具体设置时，要配合使用"记录帧速率""帧速率"这两个菜单选项，例如，当设置"帧速率"为1fps、"记录帧速率"为100p，则可以获得100倍延时视频效果。当"帧速率"为100fps、"记录帧速率"为25p时，则可以获得4倍慢动作视频效果。换言之，在使用时要明白"记录帧速率"设置的是播放时的帧率，而"帧速率"设置的是实际拍摄时的帧率。

缩时摄影录制方法

　　缩时摄影，亦称为间隔摄影、旷时摄影，是一种将画面拍摄频率设定在远低于一般观看连续画面所需频率的摄影技术。它通过设置一定的拍摄时间间隔，对同一场景或同一物体以一定拍摄频率自动进行长时间连续拍摄，在拍摄动态影像时，最多可浓缩几十分钟的时间段内的变化。

　　与快或慢动作拍摄不同，此功能可以设定长于 1 秒的拍摄间隔。这样，即可拍摄出时间压缩率较大的动态影像，并且声音也不会被记录。

设定步骤

❶ 将静止影像 / 动态影像 /S&Q 旋钮对齐 S&Q 图标

❷ 在**拍摄菜单**的第 4 页**照相模式**中，选择**S&Q 拍摄模式**选项

❸ 在**S&Q 拍摄模式**中，选择**缩时摄影**选项

❹ 在**拍摄菜单**的第 1 页**影像质量 / 记录**中，选择**缩时摄影设置**选项

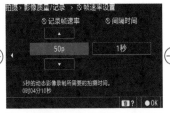

❺ 在**帧速率设置**选项中选择**记录帧速率**，点击▼▲图标选择所需的记录帧速率

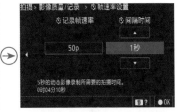

❻ 在**帧速率设置**选项中选择**间隔时间**，点击▼▲图标选择所需的间隔时间。若**记录帧速率**设为 **50P**，**间隔时间**设为 **1 秒**，则会将每秒记录画面浓缩为 1 帧，所以拍摄时长为：50×5=250 秒（4 分 10 秒）

❼ 如果额外安装了摄影灯，在**缩时摄影设置**中选择**视频灯设置**选项，可以在录制延时动态影像的每一帧之前打开摄像灯

❽ 点击选择摄像灯打开之前的秒数选项

❾ 按红色的 **MOVIE** 按钮即可开始录制，录制完成后再次按 **MOVIE** 按钮结束录制

利用 LUT 文件快速调整色彩

　　LUT 文件，全称为 Look-Up-Table 文件，即查找表文件。本质上，LUT 是一个 RAM（随机存取存储器），它将数据事先写入 RAM 后，每当输入一个信号就等于输入一个地址进行查表，找出地址对应的内容，然后输出。LUT 文件主要用于将特定颜色映射到其他颜色，以实现快速调整色彩的目的。LUT 文件在电影制作、照片后期处理、视频编辑等领域有着广泛的应用。在电影制作中，LUT 文件可以用于模拟不同的电影拍摄风格、调整色彩平衡、增强或减弱某种颜色等。

　　将 LUT 文件导入相机存储卡内，通过索尼 α7C II 的管理 LUT 功能读取并保存到相机预设中。选择导入进去的 LUT 文件进行拍摄，从而在不经过后期的情况下得到丰富多彩的拍摄效果。

设定步骤

❶ 将想要注册的 LUT 文件保存到存储卡 Private/Sony/PRO/LUT 文件夹内

❷ 将静止影像 / 动态影像 /S&Q 旋钮对齐▶■图标（动态影像）

❸ 在**曝光 / 颜色菜单**的第 5 页**颜色 / 色调**中，选择**管理用户 LUT** 选项

 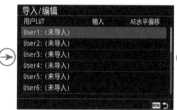 

❹ 点击选择**导入 / 编辑**选项

❺ 选择要导入 LUT 的序号选项，索尼 α7C II 最多可以导入 16 个用户 LUT

❻ 按下中央确定按钮可以查看保存至相机存储卡中的所有 LUT 文件

❼ 选择任意 LUT 文件，点击**确定**选项将文件导入

❽ 选择用户 LUT，便可对 LUT 文件进行**输入、AE 水平偏移、导入**或**删除**操作

❾ 在步骤❽界面中选择**输入**选项，点击选择所需的输入模式

⑩ 在步骤❽界面中选择 **AE 水平偏移**选项，设定使用此 LUT 时 AE 跟踪水平的补偿值

⑪ 在步骤❽界面中选择**导入**选项，将 LUT 文件注册到选定的用户编号

⑫ 在步骤❽界面中选择**删除**选项，可以删除已注册到选定用户编号的 LUT 文件

⑬ 在步骤❸中选择**选择 LUT** 选项

⑭ 点击选择导入的 LUT 进行使用

下面展示不同 LUT 的对比效果。

▲ Alaska LUT

▲ Big Sur LUT

▲ Cappadocia LUT

▲ Austria LUT

▲ Vancouver LUT

▲ Los Angeles LUT

利用自动取景进行自拍录制

在动态影像拍摄或流式传输过程中，相机将通过跟随已识别的被摄体并进行裁切来自动更改构图，以便拍摄者即使在相机固定的情况下也可使用相机独立完成拍摄任务。

⬇ 设定步骤

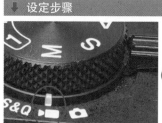  

❶ 将静止影像 / 动态影像 /S&Q 旋钮对齐▶️█图标（动态影像）

❷ 在**拍摄菜单**的第 12 页拍摄选项中，点击选择**自动取景设置**选项

❸ 在此界面中选择**自动取景**选项，并点击**开**选项

❹ 如果在第❸步界面中选择**取景操作模式**选项，然后在此界面中点击选择**跟踪时开启**选项

❺ 进入动态影像录制模式，点击屏幕中玩偶位置开启跟踪模式

❻ 移动玩偶位置，在不进行干预操作的情况下，自动取景模式跟随唐僧玩偶所在位置重新完成对焦

❼ 如果在此界面中选择了**裁切级别**选项

❽ 可以根据所需选择合适的**裁切级别**选项

❾ 如果在第❸步界面中选择**取景跟踪速度**选项，可以设定相机自动作业时对被摄体的跟踪速度

在"取景操作模式"中的各个选项释义如下。

●跟踪时开启：在使用触摸跟踪等操作开始跟踪的同时开始自动取景。

●自动开启：当识别出被摄体时开始自动取景。

●自动开启（15 秒切换）：当识别出被摄体时，相机将重复相机自动作业，以 15 秒为间隔在裁切视角与全视角之间顺畅切换。

●自动开启（30 秒切换）：当识别出被摄体时，相机将重复相机自动作业，以 30 秒为间隔在裁切视角与全视角之间顺畅切换。

第 9 章
掌握图片配置文件（PP 值）使用方法

认识图片配置文件功能

图片配置文件(Picture Profile)功能是索尼新一代相机与以往所有机型在视频拍摄功能上最重要的区别。在此之前，该功能仅存在于索尼的专业摄影机中，如 F35、F55 或者 FS700 这些价格高昂的机型。如今，即便是索尼的 RX100 卡片机也拥有了在高端摄像机上才具备的"图片配置文件"功能。

图片配置文件功能的作用

简言之，图片配置文件的作用在于使拍摄者在前期拍摄时可以对视频的层次、色彩和细节进行精确的调整。从而在不经过后期的情况下，仍然能够获得预期拍摄效果的视频。

而对于擅长视频后期处理的拍摄者而言，也有部分设置可以获得更高的后期宽容度，使其在对视频进行深度后期处理时，不容易出现画质降低、色彩断层等情况。

需要强调的是，图片配置文件功能需要在关闭"动态范围优化"功能的情况下才会起作用。但不必担心，因为只要合理设置图片配置文件的各个参数，不仅"动态范围优化"功能开启后的效果可以实现，还可以复制佳能、徕卡、富士等各品牌相机的色调感觉，具有超高的自由度。

图片配置文件功能中包含的参数

图片配置文件功能共包含九大参数，分别为控制图像层次所用的黑色等级、伽马、黑伽马、膝点，调整画面色彩所用的色彩模式、饱和度、色彩相位和色彩浓度，以及控制图像细节的详细信息。

但当进入图片配置文件功能的下一级菜单后，相机中并不会显示这9个参数，而是出现PP1 ~ PP11选项。事实上，每一种"PP"选项都代表一种图片配置文件，而每一个图片配置文件都是由以上介绍的9个参数组合而成的。

因此，选择一种图片配置文件后，点击索尼相机"右键"即可对其9种参数进行设置。同时也意味着，PP1 ~ PP11 其实类似于"预设"，而预设中的各个选项是可以随意设置的。

因此，当图片配置文件中的参数设置相同时，即便使用不同的 PP 值，其对画面产生的影响也是相同的。

↓ 设定步骤

❶ 在**曝光/颜色**菜单的第6页**颜色/色调**中，点击选择**图片配置文件**选项

❷ 在左侧列表上下滑动点击选择所需的选项，然后点击▶图标进入详细设置界面

❸ 点击选择要修改的选项

利用其他功能辅助图片配置文件功能

在以增加后期宽容度及画面细节量为前提使用图片配置文件功能时，为了让摄影师能够更直观地判断画面中亮部与暗部的亮度，并预览到色彩还原后的效果，需要开启两个功能并选择合适的界面信息显示。

开启斑马线功能

斑马线功能可以通过线条让拍摄者轻松判断目前高光区域的亮度。比如将斑马线设置为105，则当画面中亮部有线条出现时，则证明该区域过曝了，非常直观。而为了尽可能地减少画面噪点，建议各位在亮部不出现斑马线的情况下，尽量增加曝光补偿。

❶ 在**曝光/颜色菜单**的第 7 页**斑马线显示**中，点击选择**斑马线显示**选项

❷ 点击选择**开**选项，然后点击 ●OK 图标确定

开启伽马显示辅助功能

伽马显示辅助功能在图片配置文件功能中选择了 S-Log 曲线、HLG 曲线时可以使用。因为在选择了 S-log、HLG 后，其目的在于为后期处理提供更大的空间。因此原始视频画面对比度非常低，甚至会干扰到拍摄者对画面内容的判断。此时开启伽马显示辅助功能后，则可以将视频色彩进行一定程度的还原，从而让拍摄者更容易把握视频的整体效果。

❶ 在**设置菜单**的第 8 页**显示选项**中，点击选择 Gamma **显示辅助**选项，然后在界面中选择**开**选项

❷ 在**设置菜单**的第 8 页**显示选项**中，选择 Gamma **显示辅助类型**选项，然后在界面中点击选择所需类型

让拍摄界面显示柱状图

虽然利用斑马线可以直观地看出高光部分是否有细节，但对于画面影调的整体把握，柱状图依然必不可少。可以通过柱状图，观察画面暗部和亮部是否有溢出，并及时调整曝光量，实现画面亮度的精确控制。

理解图片配置功能的核心——伽马曲线

图片配置功能的核心其实就是伽马曲线，各个厂商正是基于这种曲线原理，开发出了能够使相机模拟人眼功能的视频拍摄功能，这种功能在佳能相机中被称为 C-Log，在索尼相机中被称为 S-Log，其原理基本上是相同的，下面简要讲解伽马曲线的原理。

在摄影领域，伽马曲线用于在光线不变的情况下改变相机的曝光输出方式，目的是模拟人眼对光线的反应，最终使应用了伽马曲线的相机在明暗反差较大的环境下，拍摄出类似于人眼观看效果的照片或视频。

这种技术最初被应用于高端相机上，近年来逐渐开始在家用级别的相机上广泛应用，从而使视频爱好者即便不使用昂贵的高端相机也能够拍摄出媲美专业人士的视频。

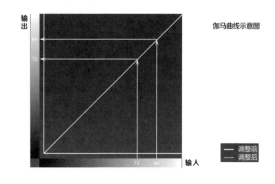

在没有使用伽马曲线前，相机对光线的曝光输出反应是线性的，比如输入的亮度为 72，那么输出的亮度也是 72，如右侧上图所示。所以当输入的亮度超出相机的动态感光范围时，相机只能拍出纯黑色或纯白色画面。

而人眼对光线的反应则是非线性的，即便场景本身很暗，但人眼也可以看到偏暗一些的细节，当一个场景中同时存在较亮或较暗区域时，人眼能够同时看到暗部与亮部的细节。因此，如果用数字公式来模拟人眼对光线的感知模型，则会形成一条曲线，如右侧中图所示。

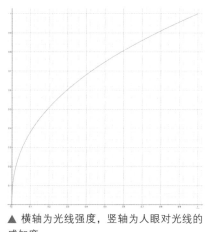

▲ 横轴为光线强度，竖轴为人眼对光线的感知度

从这条曲线可以看出，人眼对暗部的光线强度变化更加敏感，相同幅度的光线强度变化，在高亮时引起的视觉感知变化更小。

根据人眼的生理特性，各个厂商开发出来的伽马曲线类似于右侧下图所示，从图中可以看出，当输入的亮度为 20 时，输出亮度为 35，这模拟了人眼对暗部感知较为明显的特点。而对于较亮的区域而言，则适当压低其亮度，并降低亮部区域的曲线斜率，压缩亮部的"层次"，以模拟人眼对高亮区域感知变化较小的生理现象，因此，输入分别为 72 和 84 的亮度时，其亮度被压缩在 82 ~ 92 的区间。

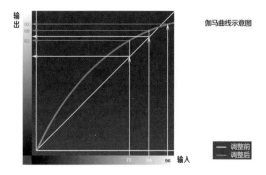

利用图片配置文件功能调整图像层次

本节将学习与调整图像层次有关的 4 个参数，分别为伽马、黑色
等级、黑伽马和膝点。

认识伽马

"伽马（Gamma）"是表示图像输入亮度与输出亮度关系的曲线，
也被称为伽马曲线。而之所以需要这样一条曲线，原因在于相机对光
线的反应是线性的，比如输入的亮度为 72，那么输出的亮度也是 72。

不同伽马对图像层次的影响

当图片配置文件功能中所设置的伽马不同时，图像效果也会出现
一定变化。笔者对同样的场景以不同的伽马进行拍摄，让各位对"伽马"
形成的效果有一个直观认识，再对不同伽马的特点进行讲解。

Movie 伽马曲线

Movie 伽马曲线是视频模式使用的标准伽马，可以让视频图像呈
现胶片风格。因此，使用该曲线的主要目的在于营造质感，而无法
提供更广的动态范围。适合希望直接通过前期拍摄就能获得理想效
果时使用。

Still 伽马曲线

Still 伽马曲线可以模拟出单反相机拍摄静态照片的画面效果，使
视频具有较高的对比度和浓郁的色彩。该伽马曲线通常用来拍摄音乐
类视频及各种聚会、活动，或其他一些需要色彩十分鲜明的场景。

S-Cinetone 伽马曲线

S-Cinetone 伽马曲线可以模拟出电影画面般的色调层次与色彩表
现力，可以使拍摄画面拥有更加柔和的色彩，适合拍摄人像。

❶ 在**图片配置文件**菜单的任意一
个预设中选择**伽马**选项

❷ 点击选择所需的伽马曲线

Cine1 伽马曲线

索尼相机提供了 4 条 Cine 伽马曲线，Cine1 为其中之一，如右图所示。

所有的 Cine 曲线都可以实现更广的动态范围，以应对明暗对比较大的环境。而 Cine1 具有所有 Cine 伽马曲线中最大的动态范围，非常适合在户外大光比环境下拍摄。

而较高的动态范围则意味着画面对比度较低，所以色彩及画面质感会有一定缺失，其拍摄效果如右图所示。因此笔者建议在使用 Cine1 进行拍摄后，在不影响细节表现的情况下，通过后期适当提高对比度并进行色彩调整，从而使视频效果达到更优状态。

正因为 Cine1 这条伽马曲线在动态范围和对比度以及色彩的取舍中处于相对平衡的状态，所以笔者在户外拍摄时经常会使用该伽马曲线。

Cine2 伽马曲线

Cine2 与 Cine1 的区别在于对亮部范围进行了压缩。也就是对于画面中过亮的区域均显示为灰白色。乍一看，这样会减少画面中的细节，但事实上在电视上播出时，其亮部细节原本就会被压缩。因此，该伽马曲线非常适合电视直播时使用，可以在不需要后期的情况下直接转播出去。

Cine3/Cine4 伽马曲线

与 Cine1 相比，Cine3 更加强化了亮度和暗部的反差，并且增强了黑色的层次，所以 Cine3 可以拍出对比度相对更高的画面。而 Cine4 与 Cine3 相比，则加强了暗部的对比度，也就是说其暗部层次更加突出，从而更适合在拍摄偏暗场景时使用，如右图所示。

ITU709 伽马曲线

ITU709 伽马曲线是高清电视机的标准伽马曲线，所以其具有自然的对比及色彩，如右图所示。还有一种 ITU709（800%）伽马曲线，其与 ITU709 相比具有更广的动态范围，所以画面中的高光会受到明显的抑制。

S–Log3 伽马曲线

S-Log 具有所有伽马中最广的动态范围，以至于即便拍摄场景的明暗对比非常强烈，在使用 S-Log 伽马拍摄时，其画面的对比度也会比较低，几乎是灰茫茫的一片。因此在拍摄时，建议开启"伽马显示辅助"功能，从而对画面内容有正确的判断；而在拍摄后，则需要经过深度后期处理，还原画面应有的对比度和色彩。

而由于其超大的动态范围，会为后期提供很好的宽容度。因此，S-Log 通常用于在拍摄大光比环境并需要进行深度后期的视频时使用。或者只有当准备对该视频进行深度后期处理时，才适合使用 S-Log。

S-Log3 与 S-Log 相比，其特点在于增加了胶片色调，但依然需要进行后期处理才能获得令人满意的对比度及色彩。使用 S-Log3 拍摄的视频画面如右图所示。

HLG/HLG1/HLG2/HLG3 伽马曲线

这 4 个选项都是用于录制 HDR 效果视频时使用的伽马曲线，这 4 个伽马曲线都能录制出阴影和高光部分具有丰富细节且色彩鲜艳的 HDR 视频，并且无须后期再进行色彩处理，而这也是其与 S-Log2/3 最大的区别。

这 4 个选项之间的区别则在于动态范围的宽窄和降噪强度。其中"HLG1"在降噪方面控制得最好，而"HLG3"的动态范围更宽广，能够获得更多细节，但降噪稍差。

HLG 系列伽马曲线适合在拍摄具有一定明暗对比的场景，且不希望对视频进行深度后期时使用。HLG 伽马曲线所拍的视频效果如右图所示。

关于 S-Log 的常见误区及正确使用方法

在所有的伽马曲线中，被提到最多的就是 S-Log 伽马曲线了。究其原因在于，该曲线被很多职业摄影师使用，再加上能够最大限度地保留画面中亮部与暗部的细节，所以即便是视频拍摄的初学者都对其略知一二。也正因如此，很多视频拍摄新手对 S-Log 在认知上都存在一些误区，并且不了解其正确的使用方法。

误区 1：使用 S-Log 拍摄的视频才值得后期

使用 S-Log 录制的视频确实具有更大的后期宽容度，但并不意味着只有使用它录制的视频才值得后期。事实上，无论使用哪种伽马曲线，甚至是关闭图片配置文件功能进行拍摄的视频，都可以进行后期制作，只不过在大范围调节画面亮度或者色彩时，画质也许会严重降低。

误区 2：使用 S-Log 拍摄视频才是专业

专业的视频制作者懂得使用合适的伽马曲线来实现预期效果的同时，最大限度地降低工作量。所以，即便 S-Log 可以为专业视频制作者提供细节更丰富的画面，但当画面中没有强烈的明暗对比时，S-Log 的优势则无从体现，而会暴露其缺点就是非常差的视频直出效果，则会白白增加拍摄者的工作量。

因此，只有如下图所示，当画面中出现不是亮部过曝就是暗部死黑的情况时，才适合选择 S-Log 进行拍摄。

▲ 天空亮度正常则暗部死黑

▲ 暗部有细节则较亮的天空过曝

如果没有一定的后期技术，即便拍出了细节丰富的 S-Log 画面，也无法最终得到效果优秀的视频。因此，笔者建议没有扎实后期基础的摄友在遇到明暗对比强烈的场景时使用 HLG 伽马曲线，利用 HDR 效果实现高光与阴影的丰富细节，并且具有鲜明的色彩。即便不做后期，也能获得出色的视频图像，更适合视频拍摄新手使用。

S-Log 的正确使用方法

如果使用 S-Log 的方法不正确，会导致后期调整视频时发现暗部出现大量噪点。而为了避免出现此种情况，建议各位开启斑马线功能并设置为 105，然后通过相机显示屏监看画面柱状图并进行曝光补偿。当柱状图上高光不溢出，并且斑马线不出现的情况下，尽量增加曝光补偿。使用该流程拍摄得到的视频，在进行色彩还原后会发现画面噪点问题得到了很大改善。

⬇ 设定步骤

❶ 在**曝光/颜色菜单**的第 7 页**斑马线显示**中，点击选择**斑马线显示**选项

❷ 点击选择**开**选项，然后点击 ⬛OK 图标确定

❸ 将**斑马线水平**设置为 **100+** 选项

黑色等级对图像效果的影响

黑色等级是专门对视频中的暗部区域进行调整、控制的参数。黑色等级数值越大，画面中的暗部就会呈现更多细节。当继续提高黑色等级时，画面暗部可能会发灰，像蒙上了一层雾。也可以简单理解为，当黑色等级数值越大时，画面暗部就会相对变亮。

相反，当黑色等级数值越小时，画面中的暗部就会更暗，导致对比度有所提升，图像更显通透，并且画面色彩也会更加浓郁。笔者对同一场景分别设置不同的黑色等级进行视频录制，如下图所示，可以看到画面中作为暗部的桥洞，其层次感出现了明显区别。

⬇ 设定步骤

❶ 在**图片配置文件**菜单的任意一个预设中选择**黑色等级**选项

❷ 点击选择所需数值

黑色等级：-15
黑色等级讲解示例

黑色等级：-8
黑色等级讲解示例

黑色等级：8
黑色等级讲解示例

黑色等级：15
黑色等级讲解示例

黑伽马对图像效果的影响

黑伽马与黑色等级的相似之处在于，均是对画面中的暗部进行调整，但其区别在于黑伽马的控制更为精确，也更为自然。因为一提到"伽马"，各位就要在脑海中出现一条伽马曲线。而所谓"黑伽马"则是只针对暗部的伽马曲线进行调整的一个参数。

所以，当选择一种伽马曲线后，如果对其暗部的层次不满意，则可以通过"黑伽马"选项进行有针对性的修改。

在黑伽马选项中可调节两个参数，分别为"范围"和"等级"。

所谓"范围"，即可通过窄、中、宽 3 个选项来控制调节黑伽马等级时，受影响的暗部范围。如下图所示，当范围选择为"窄"时，那么调节黑伽马等级将只对画面中很暗的区域产生影响。为了便于理解，这里赋予特定的数值为 14，也就是只对亮度小于等于 14 的画面区域产生亮度影响。

▲ 黑伽马"范围"选项

▲ 黑伽马"等级"选项

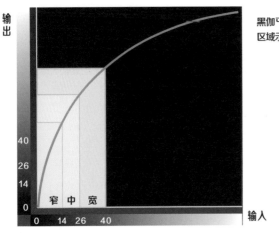

黑伽马"范围"
区域示例图

那么当设置的"范围"越大时，受影响的亮度区间就越大，从而使黑伽马等级对画面中更大的区域产生影响。

实拍对比图如下图所示，通过仔细观察可以发现，当增加相同的"等级"后，范围越大的画面，其被"提亮"的区域就越大。比如"宽"范围画面中，桥洞顶部红圈内的区域就比"窄"范围画面中的相同位置更亮一些。

所谓"等级"就更容易理解了，因为其与黑色等级的作用非常相似。需要注意的是，降低黑伽马等级时，因为会使伽马曲线的输出变低，如右图所示，因此画面中的阴影区域会有被"压暗"的效果。而当等级提高时，由于曲线"上升"了，所以输出变高，因此阴影区域会变得亮一些。

对同一场景设置同一范围的情况下，使用不同"等级"进行拍摄，对比图如右下图所示，可以明显看到，随着"等级"降低，画面中的暗部细节也在逐渐增加。

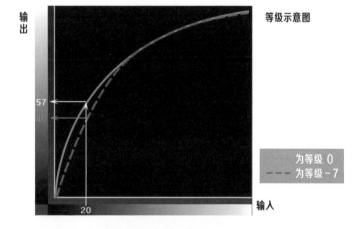

膝点对图像效果的影响

"膝点"是与"黑伽马"相对的选项，通过"膝点"可以单独对图像中的亮部层次进行调整，而对暗部没有影响。

在调整"膝点"时，同样需要对两个参数进行设置，分别为"点"和"斜率"。与"黑伽马"相似，"膝点"同样是对伽马曲线进行调整，只不过其调整的是高亮度区域。因此，为了更容易理解"点"和"斜率"这两个参数，依然要通过伽马曲线进行讲解。

首先理解"斜率"这个参数，当"斜率"为正值时，曲线将会被向上"拉起"，如下图所示，从而使高光区域变得更亮，那么层次也就相对减少；而当"斜率"为负值时，在高光区域的曲线将会被"拉低"，导致亮度被压暗，从而使高光层次更丰富。

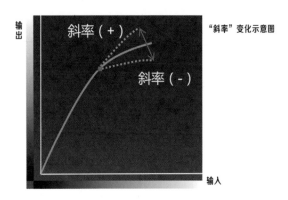

而"点"则是确定从曲线的哪个位置开始改变原本伽马曲线的斜率。换句话说，"点"所确定的就是受影响亮部区域的范围。如下图所示，当设置"点"为75%时，由于数值较小，所以"点"在曲线上的位置比较低，那么受"斜率"影响的亮部区域就会更大；而当设置"点"为85%时，其数值比75%大，所以在曲线中的位置比较偏上，导致受"斜率"影响的亮部区域就会变小。

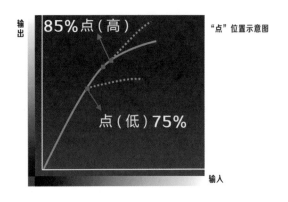

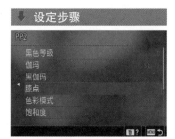

❶ 在**图片配置文件**菜单的任意一个预设中选择**膝点**选项

❷ 点击选择**手动设定**选项

❸ 在手动设定界面中可以对**点**和**斜率**选项进行设置

　　理解了"点"与"斜率"的概念后，再来观察"膝点"对实拍画面的影响就相对容易了。下图所示为笔者对同一场景，在设置了相同"点"、不同的"斜率"来改变高光区域的亮度。可以明显发现，当"斜率"数值越大时，画面中的高光区域——云层就越亮；而当"斜率"数值越小时，画面中的高光区域就越灰暗。

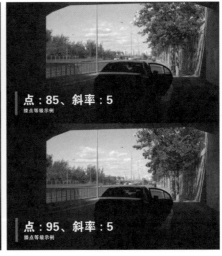

　　如果膝点位置的改变所覆盖的亮度范围在图像中的元素相对较少，那么就比较难发现画面的变化。比如下图依旧是对同一场景进行拍摄，当笔者设置"斜率"为相同数值，仅改变不同的"点"时，随着数值增大，画面并没有明显区别，就是由于上文所说的原因。

　　但如果仔细观察"点 75"和"点 95"红圈区域内的亮度，可以发现，前者确实比后者更亮一点。这就说明红圈内的高光部分被"点 75"所影响的范围覆盖，却没有被"点 95"所影响的区域覆盖。而这也从侧面说明，通过膝点可以精确控制画面中亮部的细节与层次。

利用图片配置文件功能调整图像色彩

通过图片配置文件功能中的色彩模式、饱和度、色彩相位及色彩浓度这 4 个选项，即可对图像色彩进行调整。除色彩浓度可以对画面中的局部色彩进行调整，其余 3 个选项均为对整体色彩进行调整。

通过色彩模式确定基本色调

所谓"色彩模式"，可以将其通俗地理解为"滤镜"，也就是可以让视频画面快速获得更有质感、更唯美的色调。

观察右图中的色彩模式菜单，会发现其"名称"与伽马基本相同。事实上，如果选择与伽马相匹配的色彩模式，那么画面色彩的还原度会更高，也是笔者建议的设置方式。

但如果希望强调个性，调出与众不同的色彩，将伽马与不同的色彩模式组合使用也完全可行。

❶ 在**图片配置文件**菜单的任意一个预设中选择**色彩模式**选项

❷ 点击可以选择所需的色彩模式

不同色彩模式的色调特点

由于将色彩模式与伽马进行随意组合，可形成的色调种类太多，所以此处仅介绍当伽马与相对应的色彩模式匹配使用时的色调特点。

Movie 色彩模式

当使用 Movie 伽马曲线时，将色彩模式同样设定为 Movie，可以呈现出浓郁的胶片色调。并且从右侧实拍效果图中可以发现，不同区域的色彩也得到了充分还原，并且给观众以鲜明的色彩感受。

Still 色彩模式

同样，Still 色彩模式与 Still 伽马曲线是彼此匹配的，从而能够更完整地还原出单反拍摄照片时呈现出的色彩效果。使用该种色彩模式与伽马组合时，色彩饱和度更高，并且红色和蓝色更加浓郁。

Cinema 色彩模式

Cinema 色彩模式与 Cine 系列伽马曲线是相互匹配的。此种色彩模式重在将 Cine 伽马曲线录制出的画面赋予电影感。在视觉感受上，其饱和度稍低，但对蓝色影响较小，从而实现电影画面效果。

Pro 色彩模式

Pro 色彩模式与 ITU709 系列伽马曲线是相匹配的。其重点在于表现出索尼专业摄像机的标准色调。

从右侧实拍图来看，Pro 色彩模式会轻微降低色彩饱和度，导致颜色不是很鲜明。但其色彩却更加柔和，给观众以相对柔和的色彩表现，如果再通过后期稍加调整，即可呈现更舒适的色调。

ITU709 矩阵色彩模式

ITU709 矩阵色彩模式同样是匹配 ITU709 系列伽马曲线使用的。其重点在于，当通过 HDTV 观看该视频时，会获得更真实的色彩。与 Pro 色彩模式相比，蓝色更加浓郁，色彩更加鲜明。

黑白色彩模式

黑白色彩模式并没有与之匹配的伽马曲线，所以任何伽马曲线都可以与黑白色彩模式配合使用。并且在使用后，画面的饱和度将被降为 0。

而通过伽马、黑色等级、黑伽马及膝点 4 个选项调整图像层次后，就可以实现不同的黑白图像影调。

S-Gamut.Cine 色彩模式

S-Gamut.Cine 是与 S-Log3 相匹配的色彩模式。使用此种色彩模式时，画面在保留了 S-Log3 丰富细节的同时还带有一种电影感，非常适合后期调整为电影效果的图像色彩时使用。

S-Gamut3 色彩模式

S-Gamut3 同样是与 S-Log3 相匹配的色彩模式。其与 S-Gamut.Cine 色彩模式的区别在于可以使用更广的色彩空间进行拍摄。也就是说，S-Gamut3 色彩模式可还原的色彩数量更多，即便是使用更广的色彩空间，在后期处理时也可以得到全面的还原，从而让画面呈现出更细腻的色彩。

BT.2020 与 709 色彩模式

BT.2020 与 709 均为匹配 HLG 系列伽马的色彩模式，可以呈现出 HDR 视频画面的标准色彩。

而 709 与 BT.2020 的区别在于，使用 709 色彩模式时，可以让通过 HLG 系列伽马录制的视频在 HDTV 上显示出真实的色彩。

通过饱和度选项调整色彩的鲜艳程度

色彩三要素包括饱和度、色相及明度，所以通过调整饱和度，可以让画面色彩发生变化。在图片配置文件功能中，可以在 -32 ~ +32 范围内对饱和度进行调节。

数值越大，图像色彩饱和度越高，色彩越鲜艳；数值越小，图像色彩饱和度越小，色彩越暗淡。需要注意的是，即便将饱和度调整为最低 -32，画面依然具有色彩。所以如果想拍摄黑白画面，需要将色彩模式设置为"黑白"。

为了便于读者理解调整饱和度数值对画面色彩的影响，笔者对同一场景，在仅改变饱和度的情况下录制了 4 段视频，其画面的色彩表现如下图所示。从中可以明显看出，随着饱和度数值的增加，画面色彩越来越鲜艳。

▲ 在**图片配置文件**的详细设置界面中选择**饱和度**选项，点击选择所需数值

通过色彩相位改变画面色彩

色彩相位功能改变的是色彩在黄绿和紫红之间的平衡。该选项可以在 -7 ~ +7 范围内进行选择。数值越大，部分色彩会偏向于紫红色；数值越小，部分色彩就会偏向于黄绿色。

需要注意的是，由于色彩相位选项并不会调整画面白平衡，也不会改变画面亮度，所以不会出现整个画面偏向紫红或者黄绿的情况。

▲ 在**图片配置文件**的详细设置界面中选择**色彩相位**选项，点击选择所需数值

笔者对同一场景进行拍摄，并且在只改变色彩相位的情况下，发现天空及绿树的色彩会因为设置的不同而略有区别。其中当色彩相位数值较低时，由于增加了些许绿色，因此绿叶的色彩更青翠一些；而当色彩相位数值较高时，由于向紫红色偏移，天空由蓝色逐渐向青色转变。

通过色彩浓度对局部色彩进行调整

在图片配置文件功能中，只有色彩浓度选项可以实现对局部色彩的调整。选择"色彩浓度"选项后，可分别对"R"（红）、"G"（绿）、"B"（蓝）、"C"（青）、"M"（洋红）、"Y"（黄）共6种色彩进行针对性调整。

每种色彩都可在 +7 和 -7 之间进行选择，数值越大，对应色彩的饱和度就越高；数值越小，对应色彩的饱和度就越低。同样，即便将饱和度设置为最低，也不会完全抹去该色彩，只会让其显得淡了许多。

在下面4张对比图中，笔者对同一场景设置了不同的"绿色"（B）色彩浓度数值进行拍摄。通过仔细观察可以发现，设置为 +7 比设置为 -7 所录制的画面中树叶的色彩更浓郁一些。

设定步骤

❶ 在**图片配置文件**的详细设置界面中选择**色彩浓度**选项后，点击选择要修改的色彩

↓

❷ 点击调整所选色彩的饱和度

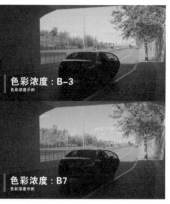

使用该功能时，需要对画面中各区域色彩的构成有一个清楚的认识，从而知道对哪种色彩进行调整，才能获得理想的画面效果。这就需要多拍、多练，对色彩形成一定的敏感度。

利用图片配置文件功能让图像更锐利

通过图片配置文件功能中的 V/H 平衡、B/W 平衡、限制、Crispening、高亮细节 5 个选项，可以让视频画面具有更高的锐度。

但由于在对视频进行截图后，其锐度本身会受到影响，所以几乎无法在对比图中观察到有何差异。因此，本节主要简单介绍与锐度相关的各个选项的作用，从而有针对性地使用个别功能对画面锐度进行调整。

V/H 平衡选项的作用

V/H 平衡选项中的 "V" 即 "VERTICAL（垂直）" 的首字母，而 "H" 即 "HORIZONTAL（水平）" 的首字母。因此，V/H 平衡选项的作用即为调整水平或垂直方向上景物线条的锐度。

V/H 平衡选项数值越大，垂直方向线条的锐度、清晰度就越高，而水平方向线条的锐度则会有所降低；反之，V/H 平衡选项中的数值越小，水平方向线条的锐度则会更高，而垂直方向线条的锐度会降低。因此，V/H 平衡选项重在 "平衡" 二字。

比如在拍摄有大量建筑的画面时，就可以适当提高 V/H 平衡选项数值，从而让建筑的垂直线条更硬朗，给观众以更清晰的视觉感受。

❶ 在**图片配置文件**界面中选择**细节**选项后，选择**调整**选项

❷ 选择 **V/H 平衡**选项

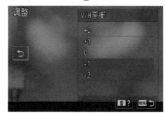

❸ 在 -2 ~ +2 进行选择所需选项

B/W 平衡选项的作用

通过 B/W 选项可以有针对性地调节画面 "下方" 或者 "上方" 的锐度。当选择类型 1 时，画面下方的锐度会更高，而上方的锐度则会有所减弱；当选择为类型 5 时，画面上方的锐度会更高，下方锐度则会较低；当选择类型 3 时，则整个画面各个区域的锐度相对均衡。

需要注意的是，当提高某一区域的锐度后，该区域的噪点也会有所增加。所以要灵活运用，在清晰度足够的情况下，通过该选项来控制部分区域的噪点数量。

▲ B/W 平衡选项可在类型 1 ~ 类型 5 之间选择

"限制"选项的作用

当通过画面细节选项让图像锐度、清晰度更高时，对比度和噪点也会有所提高。为了防止过高的对比度和噪点对画面产生过多负面影响，可以通过"限制"选项进行调整。

"限制"选项数值越大，允许在画面中出现的高光和阴影的反差就越大，通俗地理解就是限制较小；而当"限制"数值较小时，反而允许在画面中出现的反差会较弱，也就是限制效果更明显。

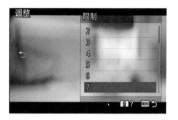

▲ "限制"选项可在 0 ~ 7 之间选择

"Crispening"选项的作用

在上文已经反复提到，增加画面锐度的同时，其噪点也会增加，而为了降低噪点，需要对 Crispening 选项进行合理设置。

Crispening 选项数值越大，对画面中噪点的抑制作用就越明显，但同时锐度也会有所降低。因此在使用时要考虑锐度与噪点之间的平衡性，根据拍摄环境和题材对该选项进行合理设置。

通常而言，画面较为明亮时，即便存在较多噪点，也不容易被观众察觉，完全可以让锐度更高；而在弱光环境下拍摄时，噪点则会较为明显，此时建议适当提高 Crispening 数值进行噪点控制。

▲ Crispening 选项可在 0 ~ 7 之间选择

"高亮细节"选项的作用

通过提高"高亮细节"选项的参数可以让画面中的高光部分展现出更多细节。该功能非常适合不想使用 S-Log，但又希望能够获得更多高光细节的摄友使用。

▲ 高亮细节选项可在 0 ~ 4 之间选择

▲ 设置适合的"高亮细节"参数，得到高光区域细节丰富的画面

图片配置文件功能设置方案示范

通过综合利用图片配置文件功能中的各个选项，即可在前期录制视频时就得到富有质感的画面，甚至是一些独具特色的电影色调，也可以通过各选项的巧妙搭配来实现。下面介绍两套图片配置文件功能设置方案，实现日式小清新和 Peter Bak 电影风格的质感与色调。

日式小清新画面风格设置方案

日式小清新画面风格的特点主要在于低饱和度、低对比度及偏青色的天空。根据笔者的反复尝试，总结出以下设置可以实现"直出"小清新风格视频的效果。

- 黑色等级：+15，目的是提亮阴影，降低对比度。
- 伽马：Cine4，这是与小清新风格最为接近的伽马曲线。
- 黑伽马：设置范围为窄、等级为 +7，同样是为了让暗部更明亮，从而降低对比度。
- 膝点：将"点"设置为 97.5%，将"斜率"设置为 -2，让高光降一点，还是为了降低对比度。
- 色彩模式：ITU709 矩阵，与 Cine4 搭配后呈现的色调更接近小清新风格。
- 饱和度：+5——在使用了伽马曲线并通过多个选项降低对比度后，色彩饱和度已经很低了，所以在此处适当增加饱和度，防止色彩过于暗淡。
- 色彩相位：-2——让画面偏绿，从而令蓝天呈现青色。
- 色彩浓度：R 设置为 +3；G 设置为 -2；B 设置为 -2；C 设置为 +1；M 设置为 0；Y 设置为 -4——根据环境中色彩的不同，"色彩浓度"的设置也应有所区别，基本思路是减少画面中的暖色，并让其偏绿、偏青。

Peter Bak 电影风格设置方案

Peter Bak 电影风格的特点在于画面具有鲜明的色彩。通过以下设置，即可"直出"与该风格类似的画面色调和质感。

- 黑色等级：-15，目的是压暗画面，强调色彩。
- 伽马：Movie——营造电影感的明暗对比。
- 黑伽马：默认——由于已经通过"黑色等级"调整了画面暗部，此处无须继续调整。
- 膝点：默认——此类电影风格的特点在于暗调，亮部无须调整。
- 色彩模式：Pro——该选项可让色彩更柔和，给观众以更舒适的视觉感受。
- 饱和度：+10——弥补在使用 Movie 曲线和 Pro 色彩模式后导致颜色较暗淡的问题。
- 色彩相位：-3——让色彩偏黄绿，可以让画面更具"电影感"。
- 色彩浓度：R 设置为 +3；G 设置为 +4；B 设置为 +4；C 设置为 -4；M 设置为 +4；Y 设置为 -5——为了让画面显得更"厚重"，所以提高了大部分色彩的饱和度。

第 10 章

人像、风光、动物、车轨、
星轨等题材实战拍摄技巧

7 步拍出逆光小清新人像

小清新人像以高雅、唯美为特点，表现出了一些年轻人的审美情趣，属于热门人像摄影风格。当小清新碰上逆光，会让画面显得更加唯美，不少户外婚纱照及写真都属于这类风格。

逆光小清新人像的拍摄要点主要有：模特的造型、服装搭配；拍摄环境的选择；拍摄时机的选择；准确测光。

掌握这几个要点就能轻松拍好逆光小清新人像，下面进行详细讲解。

1. 选择淡雅的服装

颜色淡雅、质地轻薄、带点层次的服饰，同时还要注意鞋子、项链、帽子配饰的搭配。模特妆容以淡妆为宜，发型则以表现出清纯、活力的一面为主。总之，以能展现少女风为原则。

2. 选择合适的拍摄地点

选择如公园花丛、树林、草地、海边等较清新、自然的环境作为拍摄地点。在拍摄时可以利用花朵、树叶、水的色彩来营造小清新感。

3. 选择拍摄时机

一般逆光拍小清新人像的最佳时间是夏天下午四点半到六点半，以及冬天下午三点半到五点，这些时间段的光线比较柔和，能够拍出干净、柔和的画面。同时还要注意空气的通透度，如果是雾蒙蒙的，则拍摄出来的效果会不佳。

4. 构图

在构图时，注意选择简洁的背景，背景中不要出现杂乱的物体，并且背景中的颜色也不要太多，不然会显得太乱。

树林、花丛不仅可以用作背景，也可以用作前景，通过虚化来增加画面的唯美感。

5. 设置曝光参数

将照相模式设置为光圈优先模式，设置光圈值为 F1.8~F4，以获得虚化的背景，将感光度设置为 ISO100~ISO200，以获得高质量的画面。

6. 对人物补光及测光

在逆光拍摄时，人物会显得较暗，此时需要使用银色反光板，将其摆在人物的斜上方，对人脸进行补光（如果是暖色的夕阳光，则使用金色反光板），以降低人脸与背景的反差。

将测光模式设置为中心测光模式，靠近模特或将镜头拉近，以脸部皮肤为测光区域半按快门进行测光，得到数据后按下曝光锁定按钮锁定曝光。

7. 重新构图并拍摄

在保持按下曝光锁定按钮的情况下，通过改变拍摄距离或焦距重新构图，并对准人物半按快门对焦，对焦成功后按下快门进行拍摄。

以绿草地为背景，侧逆光，照在模特身上，形成唯美的轮廓光。模特坐在草地上，撩起一缕头头轻轻地吹，画面非常简洁、自然

5 步在日落时拍好人像

不少摄影爱好者都喜欢在日落时分拍摄人像，却很少有人能够拍好。日落时分拍摄人像主要会拍成两种效果，一种是人像剪影，另一种是人物与天空都曝光合适的画面，下面介绍详细拍摄步骤。

1. 选择纯净的拍摄环境

拍摄日落人像照片，应选择空旷无杂物的环境，取景时避免天空或画面中出现杂物，这一点对拍摄剪影人像尤为重要。

2. 使用光圈优先模式，设置小光圈拍摄

将相机的照相模式设置为光圈优先模式，并设置光圈值为 F5.6~F10。

3. 设置低感光度值

日落时分，天空中的光线强度足够满足画面曝光需求，因此将感光度设置在 ISO100~ISO200 即可，以获得高质量的画面。

4. 设置点测光模式

不管是拍摄剪影人像效果，还是人、景曝光都合适的画面，均使用点测光模式进行测光。以相机的点测光圈对准夕阳旁边的天空测光（拍摄人、景曝光都合适的，需要在关闭闪光灯的情况下测光），然后按下曝光锁按钮锁定画面曝光。

5. 重新构图并拍摄

如果拍摄人物剪影效果，可以在保持按下曝光锁定按钮的情况下，通过改变焦距或拍摄距离重新构图，并对人物半按快门对焦，对焦成功后按下快门进行拍摄。

▲ 针对天空进行测光，将前景的舞者处理成剪影效果，在简洁的天空衬托下，舞者非常突出，展现出了其身姿之美『焦距：80mm；光圈：F5；快门速度：1/1600s；感光度：ISO100』

▲ 在拍摄剪影人像时，肢体动作要优美并展开，避免生重叠在一起『焦距：100mm；光圈：F8；快门速度：1/1000s；感光度：ISO250』

5 步拍出丝滑的水流效果

使用低速快门拍摄水流，是水景摄影的常用技巧。不同的低速快门能够使水面具有不同的效果，中等时间长度的快门速度能够使水流呈现丝般效果，如果时间更长一些，就能够使水面产生雾化的效果，为水面赋予特殊的视觉魅力。下面讲解详细的拍摄步骤。

1. 使用三脚架和快门线拍摄

丝丝滑的水面是低速摄影题材，手持相机拍摄，非常容易使画面模糊，因此，三脚架是必备的器材，并且最好使用快门线来避免直接按下快门按钮时产生的震动。

2. 拍摄参数的设置

推荐使用快门优先照相模式，以便于设置快门速度。快门速度可以根据拍摄的水景和效果来设置，如果拍摄海面，需要设置为 1/20s 或更慢；如果拍摄瀑布或溪水，将快门速度设置为 1/5s 或更慢。将快门速度设置为 1.5s 或更慢，会将水流拍摄成雾化效果。

将感光度设置为相机支持的最低感光度值（ISO64），以减少镜头的进光量。

3. 使用中灰镜减少进光量

如果已经设置了相机的极限参数组合，画面仍然曝光过度，则需要在镜头前加装中灰镜来减少进光量。

先根据测光得出的快门速度值，计算出和目标快门速度值相差几倍，然后选择相对应的中灰镜安装到镜头上即可。

4. 设置对焦和测光模式

将对焦模式设置为单次自动对焦模式，将自动对焦区域模式设置为自动选择模式。将测光模式设置为多重测光模式。

提示：如果在拍摄前忘了携带三脚架和快门线，或者是临时起意拍摄低速水流，则可以在拍摄地点周围寻找可供固定相机的物体，如岩石、平整的地面等，将相机放置在这类物体上，然后将拍摄模式设置为"2秒自拍"模式，以减少相机抖动。

5. 拍摄

半按快门按钮对画面进行测光和对焦，在确认得出的曝光参数能获得标准曝光后，完全按下快门按钮进行拍摄。

▲用小光圈结合较低的快门速度，将流动的海水拍摄出了丝线般的效果，摄影师采用高水平线构图，重点突出水流的动感美『焦距：18mm；光圈：F16；快门速度：1/5s；感光度：ISO100』

7 步拍好日出日落景色

在逆光条件下拍摄日出、日落景象，由于场景光比较大，而感光元件的宽容度无法兼顾到景象中最亮、最暗部分的还原，因此摄影师大多选择将背景中的天空还原，而将前景处的景象处理成剪影，增加画面美感的同时，还可营造画面气氛。

1. 寻找最佳拍摄地点

拍摄地点最好是开阔一点的场地，如海边、湖边、山顶等。作为剪影呈现的目标景物，不可以过多，而且轮廓要清晰，避免大量重叠的景物。

2. 设置小光圈拍摄

将相机的照相模式设置为光圈优先模式，将光圈值设置在 F8~F16 范围内。

3. 设置低感光度

日落时的光线很强，因此设置感光度为 ISO100~ISO200 即可。

4. 设置照片风格及白平衡

如果以 JPEG 格式存储照片，那么需要设置胶片模拟和白平衡选项。为了获得最佳的色彩氛围，可以将创意外观设置为"VV"模式，将白平衡模式设置为"阴天"模式，或者手动调整色温值为 6000K~8500K。如果是以 RAW 格式存储照片，则都设置为自动模式即可。

5. 设置曝光补偿

为了获得更纯的剪影，以及让画面色彩更加浓郁，可以适当设置 -0.7EV ~ -0.3EV 的曝光补偿。

6. 使用点测光模式测光

将相机的测光模式设置为点测光，然后将相机上的点测光圈对准夕阳旁边的天空半按快门测光，得出曝光数据后，按下曝光锁定按钮锁住曝光。

需要注意的是，切不可对准太阳测光，否则画面会过暗，也不可对着剪影的目标景物测光，否则画面会过亮。

7. 重新构图并拍摄

在保持按下曝光锁定按钮状态的情况下，通过改变焦距或拍摄距离重新构图，并对景物半按快门对焦，对焦成功后按下快门进行拍摄。

▲测光时太靠近太阳，导致画面整体过暗

▲对着建筑测光，导致画面中的天空过亮

▲针对天空中的较亮部进行测光，使山体呈剪影效果，与明亮的太阳形成呼应，画面简洁、有力『焦距：18mm；光圈：F16；快门速度：1/5s；感光度：ISO100』

6 步定格宠物的精彩瞬间

宠物在玩耍时的动作幅度都比较大，精力旺盛的它们绝对不会停下来任由你摆布，所以只能通过设置相机的相关参数来抓拍这些调皮的小家伙儿。在拍摄时可以按照下面的步骤来设置。

1. 设置拍摄参数

将照相模式设置为快门优先模式，将快门速度为 1/500s 或以上，感光度可以依情况随时调整，如果拍摄环境光线好，设置为 ISO100~ISO200 即可，如果拍摄环境光线不佳，则需要提高 ISO 感光度。

2. 设置自动对焦模式

宠物的动作不定，为了更好地抓拍到其清晰的动作，需要将对焦模式设置为连续自动对焦，以便相机根据宠物的跑动幅度自动跟踪主体进行对焦。

3. 设置自动对焦区域模式

如果宠物活动区域较小，自动对焦区域模式可以设置为"区"模式，如果活动区域大选择"跟踪"模式。

4. 设置拍摄模式

将相机的拍摄模式设置为连拍（如果相机支持高速连拍，则选择该选项）。在连拍模式下，可以将它们玩耍时的每一个动作快速连贯地记录下来。

5. 设置测光模式

一般选择在明暗反差不大的环境下拍摄宠物，因此使用多重测光模式即可。半按快门对画面测光，然后查看取景器中得出的曝光参数组合，确定没有提示曝光不足或曝光过度即可。

6. 对焦及拍摄

一切设置完成后，半按快门对宠物对焦（注意查看取景器中的对焦指示图标"●"，出现该图标表示对焦成功）。对焦成功后完全按下快门按钮，

相机将以连拍的方式进行抓拍。

拍摄完成后，需要回放查看所拍摄的照片，以查看画面主体是否对焦清晰、动作是否模糊，如果效果不佳，需要进行调整，然后再次拍摄。

▲高速连拍猫咪打闹的瞬间，使画面看起来精彩、有趣

9 步拍好城市蓝调夜景

观看夜景摄影佳片就可以发现，大部分城市夜景照片中的天空都是蓝色调的。而摄影初学者却很郁闷："为什么我就拍不出来那种感觉呢？"其实是拍摄时机没选择正确，一般为了捕捉到这样的夜景气氛，都不会等到天空完全黑下来才去拍摄，因为照相机对夜色的辨识能力比不上我们的眼睛。

1. 最佳拍摄时机

要想获得纯净蓝色调的夜景照片，首先要选择天空能见度好、透明度高的天晴夜晚（雨过天晴的夜晚更佳），在天将黑未黑、城市路灯开始点亮的时候，便是拍摄夜景的最佳时机。

2. 拍摄装备

建议使用广角镜头拍摄，以表现城市的繁华。另外，还需要使用三脚架固定好相机，并使用快门线拍摄，尽量不要用手直接按下快门按钮。

3. 拍摄参数设置

将照相模式设置为手动模式，设置光圈为F8~F16，以获得大景深画面，将感光度设置为ISO100~ISO200，以获得噪点比较少的画面。

4. 设置白平衡模式

为了增强画面的冷暖对比效果，可以尝试将白平衡模式设置为"荧光灯3"模式。

5. 拍摄方式

夜景光线较弱，为了更好地查看相机参数、构图及对焦，推荐使用实时显示模式取景和拍摄。

6. 设置对焦模式

将对焦模式设置为单次自动对焦模式；将自动对焦区域模式设置点模式。

如果使用自动对焦模式的对焦成功率不高，则可以切换至手动对焦模式，然后按下放大按钮使画面放大，旋转对焦环进行精确对焦。

7. 设置测光模式

将测光模式设置为多重测光，对画面整体半按快门测光。注意观察液晶显示屏中的曝光指示条，调整曝光值，使曝光游标处于标准或所需曝光位置。

8. 曝光补偿

由于在多重测光模式下，相机是对画面整体测光的，会出现偏亮的情况，需要减少0.3EV~0.7EV的曝光补偿。在 M 挡模式下，使游标向负值方向偏移到所需数值的位置即可。

9. 拍摄

一切参数设置妥当后，使对焦点对准画面较亮的区域，半按快门线上的快门按钮进行对焦，然后按下快门按钮拍摄。

▲较晚时候拍摄的夜景，天空已经变成了黑褐色，画面美感不强

▲璀璨灯光在蓝色夜空下尽显城市繁华『焦距：150mm；光圈：F10；快门速度：5s；感光度：ISO200』

9 步拍出体现繁华城市的车流光轨

在夜晚的城市，灯光是主要光源，各式各样的灯光可以顷刻间将城市变得绚烂多彩。疾驰而过的汽车留下的尾灯痕迹，彰显出都市的节奏和活力，是很多人非常喜欢的一种夜景拍摄题材。

1. 最佳拍摄时机

与拍摄蓝调夜景一样，车流也适合选择在日落后且天空还没完全黑下来的时候开始拍摄。

2. 拍摄地点的选择和构图

对于拍摄地点，除了在地面上，还可找寻如天桥、高楼等地方以高角度进行拍摄。

拍摄的道路有弯道的最佳，如 S 形、C 形，这样拍摄出来的车流线条非常有动感。如果是直线形的道路，摄影师可以选择从斜侧方拍摄，使画面形成斜线构图，或者选择道路的正中心，在道路的尽头安排建筑物入镜，使画面形成牵引式构图。

3. 拍摄器材

车流光轨是一种需要长时间曝光的夜景题材，曝光时间可以达几秒甚至几十秒，因此稳定的三脚架是必备附件之一。为了防止按动快门时的抖动，还需要使用快门线来触发快门。

4. 拍摄参数的设置

选择手动曝光模式，并且根据需要将快门速度设置为 30s 以内的数值（多试拍几张）；将光圈设置为 F8~F16 的小光圈，以使车灯形成的线条更细，不容易出现曝光过度的情况；将感光度通常设置为最低感光度 ISO64，以保证成像质量。

5. 拍摄方式

夜景光线较弱，为了更好地查看相机参数、构图及对焦，推荐使用实时显示模式取景和拍摄。

6. 设置对焦模式

将对焦模式设置为单次自动对焦模式；将自动对焦区域模式设置为点模式。

如果使用自动对焦模式的对焦成功率不高，则可以切换至手动对焦模式。

7. 设置测光模式

将测光模式设置为多重测光，半按快门对画面整体测光。此时，注意观察液晶显示屏中的曝光指示条，微调光圈、快门速度和感光度，使曝光游标到达标准或所需曝光的位置。

8. 曝光补偿

在多重测光模式下会出现偏亮的情况，需要减少 0.3EV~0.7EV 的曝光补偿。在 M 挡模式下，调整参数使游标向负值方向偏移到所需数值即可。

9. 拍摄

当将一切参数设置妥当后，使对焦点对准画面较亮的区域，半按快门线上的快门按钮进行对焦，然后按下快门按钮拍摄。

▲夜晚下众多的车辆经过有 S 形曲线的桥梁，在长时间曝光的作用下，形成了一条条极具动感的光轨效果『焦距：24mm；光圈：F8；快门速度：8s；感光度：ISO100』

8 步拍出大气梦幻的星轨

1. 选择合适的拍摄地点

要拍摄出漂亮的星轨，首要条件是选择合适的拍摄地点，最好在晴朗的夜晚前往郊外或乡村进行拍摄。

2. 选择合适的拍摄方位

接下来需要选择拍摄方位，如果将镜头对准北极星，可以拍摄出所有星星都围绕着北极星旋转的环形画面。对准其他方位拍摄的星轨则都呈现为弧形。

3. 选择合适的器材、附件

拍摄星轨的场景通常在郊外，气温较低，相机的电量下降得相当快，应该保证相机电池有充足的电量，最好再备一两块满格电量的电池。

长时间曝光时，相机的稳定性是第一位的，稳固的三脚架及快门线是必备的。

原则上使用什么镜头是没有特别规定的，但考虑到前景与视野，多数摄影师还是会选用视角广阔、大光圈、锐度高的广角与超广角镜头。

4. 选择合适的拍摄手法

拍摄星轨通常可以用两种方法。

第一种是通过长时间曝光的前期拍摄，即拍摄时使用 B 门模式，通常要曝光半小时甚至几个小时。

第二种方法是使用间隔拍摄的手法进行拍摄，使相机在长达几小时的时间内，每隔 1 秒或几秒拍摄一张照片，建议拍摄 120~180 张，总时间为 60~90 分钟。完成拍摄后，利用 Photoshop 中的堆栈技术，将这些照片合成为一张星轨迹照片。

目前，基本上都会采用第二种方法进行拍摄，成功率高而且效果可控。

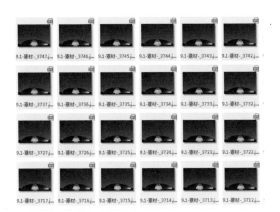

▲笔者在国家大剧院前面拍摄的一系列素材

▲表现星星轨迹的画面，要将地面景物也纳入，以丰富画面『焦距：30mm；光圈：F16；快门速度：2000s；感光度：ISO200』

▲通过后期处理后得到的成片

5. 选择合适的对焦

如果远方有灯光，可以先对灯光附近的景物进行对焦，然后切换至手动对焦方式进行构图拍摄；也可以直接旋转变焦环将焦点对在无穷远处，即旋转变焦环直至到达标有 ∞ 符号的位置。

6. 构图

在构图时为了避免画面过于单调，可将地面的景物与星星同时摄入画面，使作品更生动活泼。如果地面上没有光照，可以通过使用闪光灯进行人工补光的方法来弥补。

7. 确定曝光参数

不管使用哪一种方法拍摄星轨，设置参数都可以遵循下面的原则。

尽量使用大光圈：这样可以吸收更多的光线，让更暗的星星也能呈现出来，以保证得到较清晰的星光轨迹。

感光度适当高点：可以根据相机的高感表现，设置感光度为 ISO3200 左右。

如果使用间隔拍摄的方法拍摄星轨，对于快门速度，笔者推荐使用 500 法则。

即用 500 这个数除以当前所用的镜头焦距，得出来这个数就是在当前焦距下最慢的快门速度。例如，当焦距为 20mm 时，那么用 500 除以 20 等于 25，意味着，最多可以使用 25 秒的曝光时间，再短一点是可以的，如果再长星星就会出现拖尾。

8. 拍摄

当确定好构图、曝光参数和对焦后，如果使用第一种方法拍摄，释放快门线上的快门按钮并将其锁定，相机将开始曝光。

曝光时间越长，画面上星星划出的轨迹就越长、越明显。当曝光达到所需的曝光时间后，再解锁快门按钮结束拍摄即可。

如果使用第二种方法拍摄，当设置完间隔拍摄选项后，相机会在拍摄第一张照片后，按照所设定的参数进行连续拍摄，直至拍完所设定的张数才会停止。

▲通过堆栈后期合成线条感明显的星轨

第11章

口播、美食、Vlog等常见
视频类型实战拍摄方法

了解固定机位拍摄视频

顾名思义，固定机位拍摄视频是指在拍摄视频时，无论是使用一台还是多台相机，这些相机的位置均固定不动。

这种拍摄方式对拍摄技术要求不高，如果是在室内，只要设置好相机、灯光，便可以一直使用一组参数长期拍摄不同的内容，因此，如果创作者初期不太懂相机参数设置及灯光布置，可以由有经验的摄影师设置好以后直接使用，并边拍摄边学习。

虽然从操作方式上看，固定机位拍摄视频不太灵活，但实际上，许多在网上爆火的视频都是使用这种方式拍摄的。

使用固定机位拍摄口播视频技术要点

口播类视频的重点是内容，而不是形式。对拍摄场地要求低，对拍摄技术及设备要求也不高，因此许多视频创作者都是从拍摄口播类视频进入视频创作领域。

无论是使用三脚架还是其他类型的稳定设置，只需要确保相机稳定、灯光明亮，即可开始录制视频。

对于初学者刚开始录制时，可以参考使用快门速度 1/60 秒、ISO 100、F4 这一组拍摄参数。

根据当前场景的明亮程度有可能需要提高ISO，在光线稍暗的场景下，有时 ISO 可能会达到1500 左右。虽然，此时视频画面会有一点噪点，但由于视频画面是动态的，因此，整体观感尚可。

根据背景需要的虚化程度，光圈数值可能会在F1.8~F8 之间改变，此时要注意调整 ISO 数值，以平衡整体曝光。

由于口播视频通常在室内录制，在光线恒定的情况下，白平衡选择自动即可。

在对焦设置方面，如果口播者前后晃动幅度不大，在光圈处于 F8 左右时，可以使用手动对焦。如果光圈较大，且口播者有前后明显晃动或走动，要在拍摄视频状态下开启自动对焦，并选择识别"人物"模式，以确保相机能够实时跟踪主播的面部。

使用固定机位拍摄美食

用固定机位拍摄美食的流程

许多新手在拍摄美食视频时，不知道如何构思整个拍摄流程及镜头。其实，拍摄美食完全可以依据制作美食的四个阶段来规划拍摄流程。

介绍

即介绍视频要制作的美食的特点及大致制作流程、注意要点。拍摄时将相机架设在厨师的对面，使用广角或远距离，表现整个场景及厨师的面貌特征。

切配

饮食行业称为食材细加工，"切"，就是用各种刀法，把原料加工成烹调需要的各种形态。"配"，就是把加工好的原料，按菜肴需要搭配在一起。

在表现这个过程时，可以使用长焦镜头或将相机架设在距离菜品切配区较近的位置，以表现操作的细节。

拍摄时要注意更换细微的景别及角度，避免视角过于固定、单调，以丰富视频画面。

除了将相机架设在厨师的对面外，还可以将相机架设在厨师身后，以过肩的镜头向下俯视拍摄切配操作，从而模拟第一视角，增强观众在观看视频时的代入感与沉浸感。

在以此角度拍摄视频时，也可以考虑使用本书前面介绍过的运动相机，最后将其与相机拍摄的视频剪辑在一起。

烹饪

在这个过程中，厨师要展示翻炒、调味的操作方法，通常使用两种机位进行表现。

第一种仍然是将相机架设在厨师对面或侧面，以长焦特写表现厨师在灶台上的操作。

第二种是将相机架设在灶台外侧，以俯视角度拍摄。但这种角度拍摄时镜头容易起雾，因此更适合油烟少的西餐。

装盘

起锅装盘这个过程虽然简单，但很有仪式感，许多食物在锅里的形态完全谈不上美观，但如果盛在光洁的餐盘，并以整洁的桌布为背景，整个画面的美感会成倍增加。

用固定机位拍摄美食的灯光要点

使用相机拍摄美食时，灯光是一个很重要的要素，一定要通过补光或提高原有灯光照度的方式，使制作美食的场景看上去明亮干净，同时更好地还原食材原本的色泽。

如果在拍摄时使用了较大功率的补光灯，建议关闭室内原有灯光，以避免相机的白平衡还原失误。

如果是家居类美食创作者，可以视拍摄场景的面积使用一支功率为300W左右的补光灯。如果是美食直播间，至少需要3支补光灯，两支在主播四点、九点方向，一支在顶部。

用固定机位拍摄美食的参数设置

在光线充足的情况下，用相机拍摄美食建议使用以下参数。

如果在一个较小的场景内拍摄，视频画面也较为简单，此时即便设置较大的光圈，视频画面的景深也仍然能够满足展现所有细节，就可以将光圈设置为F4左右，否则可以将光圈设小一些，以获得较大的景深。

如果场景较开阔，要获得类似《舌尖上的中国》的浅景深效果，则需要将光圈设置得稍大一些。

感光度要设置在视频画面曝光正常情况下的最低挡位。

快门速度根据帧率进行设置，设置方法与思路在第8章节有详细讲解。

白平衡可以选择自动，如果预览视频画面感觉色彩还原不十分准确，可以使用手动设置色温或手动自定义白平衡。

让视频画面更丰富的小技巧

在录制美食视频时，可以拍摄几个水花溅起、葱花散开、油开冒泡、面粉洒落的慢动作片段，从而使视频画面更丰富。

拍摄慢动作视频的操作方法，在本书前文有详细讲解，可参考学习。注意在拍摄慢动作视频时无法录制声音，因此在后期剪辑时要配音。

用固定机位拍摄美食时录音要点

拍摄美食类视频时，录音是一个非常重要的工作，因为，在制作美食时，必然会要有切菜、油煎等过程，在这个过程中逼真有声音有助于提高视频的现场感。

拍摄美食视频时，通常采用同期录音及后期配音两种方式。

同期录音是指用本书前文所提到的各类录音设备，录制制作美食时的声音，比较常用的是枪式指向性麦克风，这种麦克风有一定录音距离，可以避免出现在视频画面，但录制时还要尽量靠近发声源。如果还需要同期录制人的声音，可以使用无线领夹麦克风。

如果录制的是讲解细致的教学式美食视频，或环境较为嘈杂，可以使用后期配音的方式，先录制视频，在后期制作时添加人声及做菜时的音效。

如果长期拍摄美食视频，建议录制或购买一套专门针对美食领域的音效库。

用固定机位拍摄美食时特写镜头运用要点

"最高端的食材往往只需要最朴素的烹饪方式"这句知名的文案，由于《舌尖上的中国》的成功而在美食视频制作领域广泛流传。

《舌尖上的中国》之所以成功有多方面因素，但从摄影及视频制作角度来看，其成功离不开创新的镜头表现手法，其中最典型的就是《舌尖上的中国》里使用了大量高清、特写、浅景深镜头。

这样的镜头，放大了食物的质感，凸显了食物本身的色泽质感，刻画出了美食的细节，给人一种强烈的代入感、沉浸感。

这些特写镜头，在早期基本上都是由佳能 5D Mark II 配合大光圈长焦镜头拍摄的。

《舌尖上的中国》给美食视频创作者的启示，不仅是要善于、敢于使用近景、特写、浅景深镜头，最好在视频中形成个性化的镜头语言风格，这样才能够从众多美食视频中脱颖而出。

另外，《舌尖上的中国》的文案及背景音乐，也是值得学习与借鉴的。

用固定机位拍摄多镜头 Vlog 视频

拍摄 Vlog 视频的第一步——定主题

与美食类视频不同，Vlog视频是一种视频表现形式，并不是主题，因此，在拍摄之前一定要确定整条视频的主题，例如，可以是一个网红公园的打卡过程、一个手办的制作过程、一次旅游的过程、一个美食从采购原材料到出锅的过程，甚至可以是一次逛商场的过程。

Vlog视频对于观众的意义大多属于了解另一种生活方式，例如，城市白领可以通过观看"张同学"的视频了解东北农村的生活原生态，可以通过观看"李子柒"的视频了解如何制作美食，可以通过观看"手工耿"的视频了解如何制作一件"没有用"的"科技发明"。总结起来就是，视频创作者要去做别人一直都想做的事，去过别人一直想过的生活，然后将其记录下来。

Vlog视频除了主题要鲜明外，内容还要有新意，在此基础上再辅以悦耳的背景音乐、流畅的视频节奏或酷炫的运镜才能够让观众有看完的动力。

所以，从制作一条 Vlog 视频的角度来看，可以大体分为主题及脚本策划、拍摄、后期剪辑，在这个过程中拍摄可能是最简单但却最烦琐的步骤。

拍摄 Vlog 视频的第二步——写脚本

确定拍摄主题后，就要进入脚本写作环节，这个环节对于简单的 Vlog 并不是必需的，但对于新手或要拍摄的是一个时间跨度、地域跨度较大，或有多人参与的视频，则一定要撰写详细的脚本，只有这样在后期剪辑合成视频时，才不会陷入"巧妇难为无米之炊"的窘境。

拍摄 Vlog 视频的第三步——找音乐

一个好看的 Vlog 通常都有悦耳并合拍的背景音乐，此时背景音乐的作用不仅仅是提升观赏性，更重要的作用是统合整个视频的节奏。

要明白这一点，只需要看几年在抖音上火爆的卡点短视频即可，当到达音乐卡点位置时，观众的潜在心理是希望画面跟随音乐一起变化的，否则就有一种协调的感觉。

因此，在确定主题、写好脚本之后，一定要花一些时间找到几首跟视频主题调性相匹配的背景音乐，具体选择几首取决于视频的长度。

镜号	景别	拍法	时间	画面	解说	音乐	备注
1	中景	卡住男生和女生的中景，男生为背面斜侧，女生为正面斜侧。机器不动	3秒	在图书馆里，男女同学学习，认真看书，男生不经意的看了看女生。女生微抬头	地点为图书馆，或者可以对边坐的桌子，主体物为男女同学，旁边是玻璃窗户，可以看到窗外风景。	周杰伦的《彩虹》	镜头的主体物为2米远。
2	特写	卡住女生的中景，镜头为正面拍摄。	2秒	女生不好意思的拍着头，双眼注视男生，含羞的微微笑。	从男生的正面角度拍过去，后面的背景就是图书馆的其他桌子。	同上	画面为女孩上半身。
3	中景	卡住男生和女生的中景，依然是斜侧的方式。机器不动	3秒	女生看黑板，就在目上面看了了男生看了女生，把左手搭在自己的头上，让头靠手。	和镜头1一样，背景相同，只是演员动作的改变。	同上	
4	近景	卡住男生和女生的近景，方位剑侧，但是偏正。机器不动。	4秒	女生撑着头非常高兴的争吵，男生的手指在桌上渐渐地靠近女生，最后靠近女生，放了女生的手的指，然后又握了女生的袖头。	因为是近景，男生的焦点在于男生的手，注意手的重点拍摄。	同上	由面部到手部，重点在于手的位置的移动。

拍摄 Vlog 视频的第四步——拍素材

进入到拍视频素材的阶段后，只需要按脚本安排场景、架设相机进行拍摄即可。

例如曾经在抖音很火爆的"张同学"发布的视频，从分镜脚本中可以看出来，在安排好景别、机位的情况下，只要确保视频的曝光正常、对焦准确，就能顺利完成拍摄。

在这个拍摄过程中，运用的还是前面学习过的曝光、对焦、构图、用光等知识。

在拍摄过程，要注意拍摄一些空镜头，用于充当视频的"留白"，也可以用于充当视频的开场或结束画面。

如果需要还可以运用前面学习过的延时视频及慢动作视频的拍摄手法，拍摄一些视频素材，从而丰富视频的画面效果。

拍摄视频素材时一定要秉承宁多勿少的原则，多拍素材。

对于重要的场景，一定要试录，并回放视频以检查曝光、收音、焦点、构图等要素。

拍摄 Vlog 视频的第五步——剪辑

这一部分不是本书重点，但对于每个创作者来说都格外重要，除非是以团队形式拍摄视频，否则创作者通常不能指望将自己拍摄的一堆素材，外包给他人剪辑出符合自己期望的视频。

创作新手可从学习剪映开始，对于要求不太高的视频来说，此软件足以胜任。

运动机位拍摄视频技术与难点

什么是运动机位

使用运动机位拍摄视频是指在拍摄视频时，利用稳定器、摇臂或电动滑轨等设备移动相机的视频拍摄方法。换言之，在拍摄视频的过程中，相机始终处于移动过程中。

此时，可以使用本书前面讲过的推、拉、摇、移、甩等多种运镜手法，使视频画面的变化更丰富。

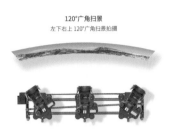

120°广角扫景
左下右上120°广角扫景拍摄

常用运动机位拍摄的视频

使用运动机位拍摄视频的方法通常应用于以下几种题材。

● 在拍摄探店、房屋介绍、小区介绍等类型的视频时，通常使用稳定器或手持相机，采用推或拉的运镜手法，体现空间感。

● 在拍摄旅游风光类视频时，通常会使用摇、移、甩等多种运镜手法让视频转场更酷炫。

● 在拍摄延时视频时，通常使用电动滑轨缓慢移动相机，从而拍出视角缓慢变化的视频。

● 在拍摄人物纪实、采访类视频时，如果被拍摄的人物处于运动中，要使用稳定器或手持相机，跟随人物同步运动。

运动机位视频拍摄的两个难点

稳定性难点

如果拍摄视频时相机发生运动，创作者首先要确保相机的运动是平滑、稳定的，虽然有些相机内置稳定系统，但从使用效果来看，还是建议使用手持稳定器。

即便使用了手持稳定器，在拍摄视频时也要保持重心稳定，小步慢走，否则视频仍然会有晃动的感觉。

为了避免画面出现轻微的抖动，有些创作者先以 4K 分辨率来拍摄视频，后期通过裁剪、平移等方法来模拟出镜头移动的感觉，但从效果来看，画面动感不如使用稳定器拍摄出来的更真实。

追焦难点

当以运动机位拍摄视频时，由于相机与被拍摄对象同时处于运动状态，因此对焦的难度会加大。

如果相机的对焦系统不够灵敏、强大，有可能导致被拍摄对象失焦。

　　如果在拍摄过程中相机与被拍摄对象之间有其他对象经过，也有可能导致被拍摄对象失焦。

　　如果拍摄场景的光线比较弱，或者主体与背景之间的对比不明显，也有可能导致相机失焦。

　　拍摄时要注意开启相机在视频拍摄模式下的跟踪对焦功能，并且在拍摄时，尽量确保相机与被拍摄对象之间的距离恒定，或者使波动幅度较小，以提高相机跟踪对焦的成功率。

　　除了使用相机的自动跟踪对焦功能以外，如果对相机操作较为熟练，还可以使用手动对焦的方式来进行跟踪对焦，此时可以采取的方式有以下两种。

　　第一种是手动旋转相机对焦环来跟踪对焦，适用于拍摄成本不高，被拍摄对象及相机缓慢运动的场景。拍摄时，右手持稳相机，注视相机的液晶显示屏，观察被拍摄对象的焦点变化，左手缓慢旋转相机的对焦环。

　　第二种是给相机添加跟焦环套装，拍摄时要一边观察相机液晶显示屏或监视器，一边旋转跟焦环。这样的附件由于成本高、技术要求高，通常只用在剧组或视频团队中。

拍摄时避免丢失焦点的技巧

　　在拍摄运动的对象时，有时可能无法避免被拍摄对象与相机中间出现遮挡物，此时一定要通过控制"AF 摄体转移敏度"菜单，以确保焦点不会丢失。

如何拍摄空镜头视频

空镜头的 6 大作用

空镜头是视频的重要组成部分，在短视频中应用较少，但在中、长视频中被广泛应用，概括起来，空镜头有以下 6 大作用。

- 交代时间、地点、环境，如冬季、商场、午后，或者空旷的海边、日出时刻等。
- 过渡转场：利用与主题有关的空镜头可以从一个场景自如地切换到另一个场景，从而串接起两个或多个镜头。
- 给解说词留出时间：对于有旁白的视频，解说词的重要性可能重于视频。当需要长时间解说时，可以用空镜头来留出解说时间。

- 营造气氛、给出隐喻：视频主角难以言表的心情、动作、情绪等，可以借用空镜头来表达。例如，当表现主角悲伤的心情时，可以接入一段拍摄萧瑟凋零树木的空镜头画面；又如，当表现主角愤怒的情绪时，可以接入一段咆哮的海浪画面。
- 省略时间：一个空镜头在视频中只有几秒的时间，但却可以代替生活中更长的时间，如几年、十几年等。例如，前一个镜头是孩子的面孔，组接一个冬去春天的延时摄影空镜头，下一个镜头可以是一张成熟的面孔。

- 调节节奏：在内容量较大的视频中加入空镜头，可以缓解观众的视觉疲劳和听觉疲劳。

常见空镜头拍摄内容及拍摄方法

常见空镜头拍摄内容

实际上，空镜头并不存在固定的拍摄内容，所有可拍的对象，从本质上说均可以被拍摄为空镜头。但对新手创作者来说，可能对空镜头的拍摄内容还是有些迷惑，因此，笔者在此总结了当前在网络上比较流行的几种空镜头拍摄内容。

- 拍摄蓝天下的绿叶：拍摄时可以手持相机缓慢移动，可以采用固定机位，可以旋转相机，也可以推或拉镜头，这样的空镜头几乎是"万金油"，可以应用在不同类型的视频中。同理，也可以拍摄蓝天下的花朵。
- 拍摄穿过树叶缝隙的阳光：这一题材适合逆光拍摄，使阳光在视频画面中产生光晕。同样的道理，也可以拍摄穿过手指缝隙、云层缝隙的阳光。

● 拍摄随风飘动的树叶、花朵：拍摄时可以考虑使用大光圈，以突出唯美的氛围。

● 拍摄车水马龙的街头：拍摄时可以使用延时视频的拍摄手法，以突出城市的快节奏；也可以使用拍摄慢动作的方法，使画面中的某一个行人、某辆车缓慢移动，以突出悠闲的情调。

● 拍摄建筑：无论是古代建筑还是现代建筑，均可以通过合适的移动机位配合运镜手法拍成可用度很高的空镜头。拍摄时，为了增加景深，可在前景找到植物或栏杆形成遮挡及虚化。

其他如咖啡溶解、信鸽飞翔、学生放学、老人蹒跚、风吹落叶、屋檐滴水等也都可以拍成为空镜头，并根据视频的调性分别应用。

常见的空镜头拍摄方法

拍摄空镜头与拍摄主观镜头、客观镜头在技术上并没有区别，但在最终效果方面最好都是动感的。

● 当拍摄静止的对象时，最好采用移动机位或在固定机位使用可以拍出动感的推、拉、摇、移等运镜手法，从而让画面不显得单调。

● 当拍摄运动的对象时，可以采用固定机位进行拍摄，或者进行小范围的移动。

如果拍摄时机位无法移动，并且被拍摄对象也是静止的，可以尝试利用光影的移动来增强画面的动态效果。

如何拍摄绿幕抠像视频

绿幕视频的作用

如果要将人物与另一个场景进行合成，则需要提前拍摄绿幕背景视频。例如，在拍摄带货视频时，可以先拍摄主播讲解画面，再与工厂视频进行合成，或者将主播讲解画面与一个由 3D 软件渲染生成的场景进行合成，或者与计算机界面进行合成。

这也是许多电影常用的合成方式。

拍摄绿幕视频的方法

前期准备

要拍摄绿幕视频，需要在场地、灯光、幕布三方面分别进行准备。

● 场地：主播距离背景幕布最好有 1.5 米的距离，以防止绿色幕布的颜色反射到主播身上。

● 灯光：要分别对主播及幕布打光，当给绿幕背景布光的时候，光线越平越好，这样能够确保幕布颜色均匀，没有高光点或者阴影块，以方便后期抠图，常见的方式是在幕布两侧 45° 的位置各放一盏灯。

● 幕布：根据场地及拍摄时所使用的镜头焦段，以不穿帮、漏背景为最低尺寸要求，幕布要尽量平整，以避免形成明暗不均的区域。

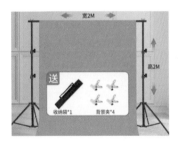

后期合成

完成拍摄后，即可使用剪映及 Premiere、Final cut 等，能够完成抠图并合成视频的剪辑软件进行处理。

以 Premiere 为例，只需使用"视频效果"功能里的"超级键"即可较完美地完成抠像合成任务，如下图所示。

获得本书赠品的方法

1.打开微信，点击"订阅号消息"。

2.在上方搜索框中输入FUNPHOTO。

3.点击"好机友摄影视频拍摄与AIGC"。

4.点击绿色"关注公众号"按钮。

5.点击"发消息"按钮。

6.点击左下角的图标。

7.转换成为输入框状态。

8.在输入框中输入本书第15页最后一个字，然后点右下角"发送"，注意只输入一个字。

9.打开公众号自动回复的图文链接，按图文链接所述操作。